智能革命后的世界

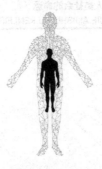

AI 技术与
人类社会的命运

刘永谋 著

重庆出版集团 ⑥ 重庆出版社

图书在版编目（CIP）数据

智能革命后的世界 ：AI技术与人类社会的命运 / 刘
永谋著. -- 重庆 ： 重庆出版社，2024. 11. -- ISBN
978-7-229-19108-5

Ⅰ．TP18

中国国家版本馆CIP数据核字第2024LV8580号

智能革命后的世界：AI技术与人类社会的命运
ZHINENGGEMING HOU DE SHIJIE:AIJISHU YU RENLEISHEHUI DE MINGYUN

刘永谋 著

出　品：華章同人

出版监制：徐宪江　连　果

特约策划：好橡树文化

责任编辑：李　翔

特约编辑：于　枫

营销编辑：史青苗　刘晓艳

责任校对：陈　丽

责任印制：梁善池

装帧设计：人马艺术设计·储平

重庆出版集团
重庆出版社 出版

（重庆市南岸区南滨路162号1幢）

天津淘质印艺科技发展有限公司　印刷
重庆出版集团图书发行有限公司　发行
邮购电话：010-85869375
全国新华书店经销

开本：889mm×1194mm　1/32　印张：10.625　字数：210千
2024年11月第1版　2024年11月第1次印刷
定价：78.00元

如有印装质量问题，请致电023-61520678

目 录

序　言

———

从信息革命到智能革命

2016 年 3 月，人工智能（AI）围棋程序 AlphaGo 在首尔战胜韩国围棋九段棋手李世石，掀起新一波席卷全球的 AI 热潮。AI 技术发展几经起落，2010 年以来的 AI 热潮主要以深度学习（Deep Learning, DL）领域的突破为基础。作为一种复杂的机器学习（Machine Learning，ML）算法，深度学习力图让机器通过大量学习样本数据的内在规律和表示层次，获得像人一样识别和解释文字、图像和声音等数据的分析能力。所以，深度学习的实现需要大量的数据，由于受数据量的限制，之前一直没有表现出优异的识别和分析能力。进入 21 世纪之后，由于物联网、云计算和大数据等相关数据技术兴起，深度学习的发展得以突飞猛进。2022 年11 月，OpenAI 公司发布 AI 驱动的自然语言处理工具 ChatGPT，大语言模型（Large Language Model, LLM）的惊艳表现让世人惊叹，智能技术和智能革命迅速"出圈"，成为社会关注的焦点。

大致来说，智能技术指的是物联网、大数据、云计算、虚拟现实（VR）、元宇宙、人工智能（AI）、智能机器人以及区块链等信息通信技术（Information and Communication Technology，ICT）领域最新的进展，均与"机器智能"的概念相关联；而智能革命便是由智能技术迅猛发展而推动的又一波技术革命。从更宏观的历史背景看，智能革命是信息革命的新阶段。所谓信息革命，又称为"新科技革命"，一般指的是第三次技术革命。它被称为"科技"革命而非"技术"革命，是因为19世纪下半叶科学与技术相互靠拢，到20世纪逐渐完全一体化为"科技"。因此，"信息科技"是比"信息技术"更符合实际的称呼。

在信息革命之前，人类社会还经历过蒸汽技术革命（工业革命）和电力技术革命（电力革命）。20世纪40年代，在美苏军备竞赛和战后百废待兴的背景下，同时，在现代科学革命浪潮的推动下，一大批新兴技术不断出现，形成新科技革命的高潮，出现了微电子技术、电子计算机技术、基因工程、核技术、空间技术、海洋技术、新材料技术和新能源技术等许多高新技术。很多人认为，新科技革命至今仍未停歇，备受关注的智能革命仍然是新科技革命的延续。

历次技术革命均存在主导技术。工业革命主导技术是蒸汽机技术，电力革命主导技术是电力技术和内燃机技术，而一般认为新科技革命的主导技术是信息技术，主要包括微电子技术、计算机技术和通信技术，计算机是标志性的产品。

除了信息技术，上述其他各种新技术同样给新科技革命提供了强大的推动力。这种齐头并进的发展格局，被认为是第三次技术革命相较于前两次技术革命的不同之处。新科技革命另一个常常被提及的特点在于，它解放人的智力，或者说解放人脑，而工业革命和电力革命解放的均为人的体力，或者说解放人手。

信息革命催生的各种新科技已成为发达国家社会生产力提高的主要动力，充分体现出"科学技术是第一生产力"。自20世纪70年代以来，大工业劳动生产率的提高，60%—80%依赖于新技术的采用，在一些知识、技术密集型行业中甚至高达100%。随着信息革命的深入，传统产业日益衰落，有些成为"夕阳产业"。与此相反，一大批新兴工业正如初升的朝阳，蒸蒸日上。并且，信息革命极大地提高了生产管理水平，显著改变了社会治理方式和社会生活方式，使得人类进入技术治理社会（简称"技治社会"）的新阶段。

21世纪以来，智能技术迅速崛起，将信息革命推进到智能革命的新阶段。在智能平台的基础上，各种前沿新科技，尤其是纳米技术、生物技术、信息技术及认知科学等，出现协同整合的技术会聚新趋势。也就是说，当我们谈到智能革命时，关切的并非仅仅是AI的发展，也不限于智能技术的发展，而是包括会聚在一起的各种前沿新科技的发展。当然，智能技术是其中最核心的关切。

智能革命方兴未艾，势必将或者说正在将人类社会推进到全新的智能社会，即以各种会聚技术尤其是智能技术为基础的社会。ChatGPT、Sora等GAI（Generated AI，生成式人工智能）工具的兴起，标志着智能社会开始进入AI辅助生存社会的新阶段。也就是说，在其中，人们的工作、生活和学习都将在 AI 的帮助下完成。接下来，很多人相信，也许不需要 100 年时间，机器人便有能力取代人类绝大多数的体力劳动和脑力劳动，AI 辅助生存社会演化为 AI 替代劳动社会。显然，这将是生产力高度发达、物质产品极大丰富的富裕社会，值得我们憧憬。

然而，在智能社会深入发展的过程中，存在着诸多科技风险和社会风险。比如，AI 的应用会使越来越多的人失业这一问题将一直困扰着智能社会，如何处理好该问题将成为智能社会能否继续进步的先决条件之一。因此，如今关注智能技术发展状况的人，不限于 AI 的研发者、推广者或者 AI 发展的评论者、人文社科研究者，更包括深感生活将被智能技术深刻影响的普通公众。AI 发展的问题，不再是纯粹的技术问题，而是成为某种意义上的公共性议题。在 OpenAI 发布 Sora、马斯克开源 Grok 等一系列相关事件中，这一点表现得非常清楚。

随着智能革命不断深入展开，并向当代社会各个层面渗透，有关"智能社会将去向何方、又应该去往何方"的问题，不仅为越来越多的人所困惑、思考，亦成为试图把握时代精神的当代思想家不可能绕开的关注点。这正是本书试图讨论的问题，即"智能革命后的世界"。

显然，未来难以预料。关于智能社会的未来，众说纷纭，歧义纷呈。预测未来智能社会，最好是综合不同领域研究者的看法，相互参照、取长补短、融会贯通，所以这肯定是一桩跨学科的工作。

或者说，只有跨学科的方法才能更好地回答该问题。于是，本书会采用文理工管等不同学科、不同领域的理论、方法、观点和材料，包括不少科幻文艺作品的想象和大众传媒的相关技术评论。其中，以科学的、专业的材料为主，文艺的、非专业的材料为辅。但凡跨学科的研究，如果没有哲学反思来统摄，往往会显得非常零散和缺乏深度，而具体到"智能革命后的世界"问题上，最适合融贯各学科预测研究的哲学工具当属科学技术哲学（简称"科技哲学"）。作为沟通自然科学与人文社会科学的桥梁，科学技术哲学主要关注新科技的发展规律及其对当代社会的巨大冲击。

进而言之，"智能革命后的世界"与今天的社会预测本身紧密相关。也就是说，我们对未来智能社会的预想，会影响当下智能技术的研发和应用，进而在某种程度上成为"自我实现的预言"。因此，预测智能社会的未来很难。本书呈现出的很多想法，属于新近的研究成果，难免存在争议。但是，它们均以马克思主义基本原理为指导，皆有基础、有研究、有证据，大多数存在着较大共识，至少是站得住脚的一家之言。

另外，想要全面刻画"智能革命后的世界"，几乎是不可能的任务，因为成熟的智能社会比当代社会远为复杂。仅仅选择透视未来智能社会的哪些侧面就非常困难，更不用说把每个"面"都说清楚。对此，本书选择"以点带面"，以某个有趣的小问题，案例式地推断某个侧面的特点。

第1章"命运"对智能社会的未来进行了长时段、总体性的描绘，是"智能革命后的世界"的基本框架。第2章"财富"讨论机器人劳动社会的经济—政治问题，强调现阶段要力争实现"AI+共同富裕"。第3章"技术加速"研究AI时代技术加速发展及其导致生活加速、社会加速的问题，解读如今硅谷流行的"有效加速主义"。第4章"新人类"认为，智能革命给人类运用新科技手段进行自我改造提供了新理由，但这些支持性意见值得商榷。第5章"赛博格"分析人与AI融合的趋势与风险，提醒大家警惕身心设计工程存在巨大的不确定性。第6章"觉醒"以超级人工智能为例，阐述了有限主义的AI发展策略。第7章"教育"聚焦AI时代文科生面临的失业风险，提出文科教育要从面向过去、现在转为面向未来。第8章"流行文化"反思了美国科幻文艺中的机器人想象的历史流变，说明AI文化将如何走向人与机器大融合的新观念。第9章"知识"剖析了智能社会后真相状况加剧的情形，尤其是知识过剩、"真理之死"等问题。第10章"治理"审视智能技术提高治理效率的迷思，指出反治理和伪治理始终萦绕"智能革命后的世界"。第11章"权威"讨论"大众为何对专家不满"，以及不满会在AI时代更加严重。第12章"新道德"试图说明人类道德的未来变化，核心是自然主义道德观将成为主流。第13章"情感"以人与机器人的"爱情"为切入点，说明机器人社会人类情感的走向。第14章"危崖"直面AI时代，人类未来发展可能面临的全局性崩溃甚至灭绝的生存性风险，要求从全面提升人性的高度思考应对方案。第15章"走出迷宫"呼吁知识分子行动起来，勇敢承担应有的责任，为保障智能社会健康发展尽一份力量。

显然，一本不厚的书，要冒险回答"智能社会将去向何方、又应该去往何方"，结果只能是惊鸿一瞥的鸟瞰，肯定挂一漏万、错讹频出。但是，回答类似问题，总需要有鲁莽的人抛砖引玉。我愿意扮演这一鲁莽的角色，抛出一个靶子，供各路方家批评指正。如果能对读者多少有些启发，甚至于有些收获，就算只是激发诸位对"智能革命后的世界"的兴趣，也不算是完全没有价值。

无论如何，智能技术的未来发展，与每一个人都息息相关；智能社会的美好未来，需要每一个人努力思考和行动。尤其是面对新科技风险，人类必须行动起来，预先研究、设法规避、积极应对，努力实现新科技的健康发展。总之，智能技术的未来发展，必须以人为本、以善为根，为人民服务，为提升社会福祉而努力。

是为序。

刘永谋

中国人民大学吴玉章讲席教授

第 1 章

命运

人类去往何方，社会走向何处？

在高科技圈子里，很多人是未来主义者，反对沉溺于昔日时光，号召大家勇敢地拥抱未来。比如，网络文化中的赛博朋克风——以赛博世界为背景，表现社会反抗主题的文艺类型——便是受到未来主义影响而出现的。近年来，AI圈中的不少人高喊：未来已来。智能革命方兴未艾，人类社会的未来发展趋势逐渐浮现。人类会去往何方，社会将走向何处？关于未来，哲学家会告诉你什么？

—— 1 ——
未来，不在故纸堆中

哲学家并非专门的预言家，但是他们对未来有自己的预测方法。这里列举最主要的办法如下。

首先，哲学家可以运用哲学原理进行社会规律推演。历史发展是否存在规律？一些思想家如科学哲学家卡尔·波普尔（Karl. Popper）否认历史规律，认为社会发展没有规律可循，或者有规律人类也认识不了。而马克思主义哲学坚持唯物史观，既肯定历史规律的存在，亦肯定人们在一定程度上可以认识历史规律。于是，人们根据已经认识到的历史规律，结合现实国情，便可以对未来社会有所推断。

其次，哲学家可以通过把握时代精神演化判断未来趋势。理性精神，或者更精确地说技术理性，无疑是现时代精神最重要的特征。可以说20世纪是科学的世纪，而21世纪已成为技术的世纪。在当代社会中，技术的地位和重要性正在超过科学，我称之为"技术的反叛"。科学乃是分科之学。如今，越分越细的科学分支，如果不能证明它的技术—经济目标，就无法得到足够的社会支持而获得发展。科学理性与纯粹求知相连，而技术理性与社会福祉相连。智能革命蓬勃发展的背后，是人们用新科技创造美好生活的强大动力。

再次，哲学家尤其是科技哲学家，可以通过研究新科技发展来预计智能社会的未来。我们面对的问题是：人类会去往何方，社会将走向何处？今日之哲学，若想真切走进时代，不能不从反思新科技尤其是智能技术切入未来之思。当世的思想家必须先熟知新科技描绘的世界蓝图，然后才可能沉思类似的问题。不是不能从故纸堆中来谈论未来，而是现在的人们——可以称之为"科学人"，即他们心中的世界图景由现代科技所描绘，而不是像过去由宗教、哲学、文学乃至迷信所塑成——不会相信这样的说教。

从次，哲学家洞悉当代人的精神状况，也可以用作前瞻之用。对未来的焦虑，正在成为当代人不可忽视的精神特征。今天人类观念中的确定性开始崩溃，不确定性逐渐充斥各处。以往被认为具有永恒价值的东西，比如追求真理、寻求解放等，全部受到质疑。人类社会从未似今日般，陷入"未来何去何从"的诱惑或泥沼。

思想家们焦虑地望向远处，在迷雾漫天的时间之海，试图分辨影影绰绰的岛屿，能够抛下希望之锚。

最后，哲学家可以从各个学科、领域吸收营养，全面、综合和融贯地跨学科反思"智能革命后的世界"。不仅与 AI 相关的科技专家，很多人文社会科学尤其是哲学、经济学、社会学、传播学、文学、法学等领域的学者，甚至一些高科技公司的 CEO、评论家、艺术家、宗教人士，均提出过形形色色关于"智能革命后的世界"的看法。对于智能技术的未来发展趋势，科技专家的看法应该更有权威性。但是，对于随之而来的"智能革命后的世界"会如何，很难说其他非自然科学研究者的预测包括形而上学的讨论，完全没有可取之处。在某些具体的细节问题上，很可能后者的预测更胜一筹，如当代艺术家对未来 AI 艺术发展的思考。作为对世界、自然、社会和人生进行总体把握的学科，哲学家最善于综合各种看法、思想和理论。

另外，有一些哲学家如未来主义者、未来学派，提出过一些社会预测方法和理论，可以用来预测未来智能社会。比如后工业主义者丹尼尔·贝尔（Daniel Bell）提出过社会预测和结构变迁相结合的智能预测方法，通过量化地分析社会、政治和文化三大平行结构，来判断整个社会的变迁。他还研究了技术预测、人口预测、经济预测和政治预测等各种不同预测形式的问题，指出智能技术的兴起改变了社会预测的根本面貌。他归纳了 12 种社会预测的模式：1）社会物理学，2）趋势预测，3）结构确定性（structural certainties），4）操作代码（operational code），5）操作系统（operational system），6）结构必要性（structural requisties），7）过分识别的问题（overriding problem），8）基本行动者（prime mover），9）顺序发展（sequential development），10）解释框架（accounting schemes），11）可选择的未来："幻想"写作，以及12）决策论（decision theory）。然而，贝尔最终不得不承认，并没有任何绝对可靠的社会预测方法。

必须要指出，对于锚定未来，传统形而上的哲学老套路，不能作为主要方法来使用。事实上，形而上学的衰落，正是今天思想界不可否认的一大特征。20世纪20年代，逻辑实证主义在维也纳兴起，举起反对形而上学的大旗。卡尔纳普、纽拉特等逻辑实证主义者认为，哲学必须进行科学化改造，作为自然科学的本体论、认识论、方法论基础或"科学的哲学"而存在，必须摒弃不科学的形而上学成分。此后，由于分析哲学家们持续攻讦，以及对当代哲学的不断改造，形而上学被越来越多的人视作臆测性的、非理性的、情感体验的东西，而非科学性的推理和判断。对于智能社会未来的预测，必须要坚持理性，努力进行科学研究和科学预测。当然，形而上学并非完全无用，可以视为一种文学作品，在智能社会的预测中发挥辅助作用。

当然，无论哪种方法、理论，对智能革命进行预测，作用都是有限的。在浩渺的宇宙中，人类如此渺小，我们以为的终极问题并非智慧的终极。即使有朝一日成为星际物种，人类的终极必

　　　　　　　　　　　　智能革命后的世界

然是灭绝，因为人本质上是有限性和可能性，无限而必然的唯有神。当"科学人"问"人类去往何方""社会走向何处"，并非在思考宇宙的终极，而是在窥测有限的未来。也就是说，未来是未来，终极是终极。

—— 2 ——
人类从何而来，又去向何方

第一个问题：人类即现代智人去向何方？有生物学证据表明，在隔绝状态下，一个物种四五百年时间就可能演化为新物种。如一种鸟被隔绝在某个孤岛上，四五百年就可能演化为与大陆上不同的鸟。显然，智人也在进化，被隔绝在地球这颗蓝色星球上，四五百年时间也可能成为新物种。

"科学人"一般认为，大约 50 万年前智人出现，之后在大约 10 万年前分化为几支。现代智人是晚期智人克罗马农人的后代，其他的人类分支，比如尼安德特人——尼安德特人并非现代智人，二者存在着不完全的生殖隔离，即不能完全正常地与智人交配而繁衍后代——一开始与克罗马农人共同生存在地球上。后来，其他人类分支均被现代智人所灭绝。在与其他人种的竞争中，为什么现代智人会胜出？演化生物学家、生理学家贾雷德·戴蒙德（Jared Diamond）猜测，大约 4 万年前，克罗马农人发生跳跃式演化，在生存能力上全面碾压"兄弟姐妹"。

接下来，现代智人很快遍布地球，成为一种全球性物种。史前动物都是地方性的，比如美洲本来没有马，马是欧洲人带到美洲的。今天，全世界的马都可以相互交配，这种全球性由人类所造就，因为人类活动打破了各大洲马之间的地理隔绝状态。地球上到处都有现代智人，各大洲的人类之间没有生殖隔离。不同肤色的人，其实是同一个物种即现代智人，在其他兄弟人种被灭绝之后，孤独地生活在地球这座蓝色的"牢笼"中。尤其是在全球化开始之后，全球人类大融合，使人类成为完全纯一的物种。

现代智人一直在演化，过去在演化，未来也必然要演化。和黑猩猩相比，人类演化出更年期、长寿和隐性排卵等黑猩猩没有的新性状。比如更年期在其他动物中非常罕见，绝大多数动物丧失生殖能力就意味着差不多要死亡了。从物种演化的角度来说，不能生育的个体对于族群繁衍而言属于"垃圾个体"，因而一般动物的寿命都是停止生育后不久结束。但是，人类经过更年期调整如女性绝经之后还可以活很长时间，如今甚至能达到总寿命的三分之一。因此，可以想象，和10万年前的克罗马农人相比，现代智人肯定具备诸多不同的性状。

推而想之，今天的人类和1万年前的人类很可能不是同一个物种，甚至可能存在生殖隔离，即我们和祖先可能无法有效交配繁衍，只是这在今天无法进行实验验证。毕竟前面提到：四五百年就可能演化出新物种。

四五百年前，现代科学技术诞生，极大地改变了人类的生存和生活方式，对人的身体和遗传产生了强烈的影响。比如，抗生素的发明和"农业绿色革命"的成功等，几乎使人类的预期寿命翻倍；避孕药、避孕套和试管婴儿技术的推广，改变了人类的性活动与生殖活动。更重要的是，智能革命以来，克隆人、人体增强、基因编辑和脑机接口等新技术的出现，使得技术的力量不再局限于自然界改造和社会运行，开始深入到人的肉身与精神之改造。

因此，现代科技使人类加速演化，新科技发展则使得技术加速上升到新速率，人类开始进入有目的、有计划地加快和控制自身演化，包括对身体和心灵两方面的改造和提升——可以称之为"身心设计"——的新阶段。也就是说，成为"科学人"，不仅意味着观念的更新，也意味着人类在智能技术平台的基础上，运用新科技进行自我改造。既然自然力量四五百年就可以塑成新物种，那么在身心设计的加持之下，现代智人演化为新人的时间很可能不会超过这个数字。因此，25世纪可能是智人命运的重要节点，"通往25世纪"乐观预测很可能意味着：智人的终结，新人的诞生。

—— 3 ——

想象新人，可以参考瓦肯人

第二个问题：社会走向何处？社会由人组成。新人会是什么样的呢？从本质上说，科学的人类改造是理性的自我提升，是消除智人身心非理性的持续斗争。在身体方面，基因漂变导致智人身体很多性状与适应性增强并不一致，甚至可能有害，如导致遗传病的发生。在心灵方面，许多激烈的情感、直觉和道德观念不但不理性，而且会造成诸多破坏，比如控制不住的嫉妒心。如果未来四百年，现代科技的本性不变，由智能革命后的身心设计塑造的新人将走向纯粹理性的物种，有可能类似科幻电影《星际迷航》中的瓦肯人。

根据《星际迷航：瓦肯旅行指南》一书介绍，瓦肯星（Vulcan）是一颗沙漠行星，白天炎热，夜晚凉快。瓦肯人的心灵是什么样子的呢？按照特普拉娜·罕瑟的总结："逻辑是我们文明的基石，我们在理性的指引下摆脱混乱。"也就是说，瓦肯人完全理性。瓦肯人注重隐私，沉默寡言，严格控制情绪，什么时候都很平和，看起来有些冷漠。他们爱好和平，对诸世界的文明和物种都持非常开放的包容和接受态度。瓦肯人不喜欢身体接触，不喜欢开玩笑，严格守时。瓦肯成年人每7年，会经过一次"庞发"，即发情期，这段时间会情绪失控——表现得如同今天的智人一样——需要特殊对待，尤其要与配偶发生关系，或者进行类似的激情活动，如激情决斗，否则会有性命之忧。也就是说，瓦肯人的身心设计并没有100%去除自身的非理性和情绪，它们会在"庞发"期间失控。在此外的时间中，瓦肯人可以说理性得像一架机器，理性让他们爱好（或者选择）和平和包容，即"无限组合派生无限可能性"（Kol-Ut-Shan）。

虽然爱好和平，但瓦肯人非常喜欢各种运动，尤其是徒手格斗运动。更有意思的是，他们痴迷于独处、苦修和冥想，每年会在赎罪日自我反省一年中的所作所为。他们有些人会通过修行获得灵力，从而成为"能士"。在地球人看来，这些行为是非理性的，常见于宗教、巫术和迷信活动中。但瓦肯人认为冥想是理性活动，不是情绪活动。因此，瓦肯星上没有折磨人的监狱，出了问题的瓦肯人需要的只是自我隔离和自我反省。

瓦肯文明史非常悠久，起初，瓦肯人像智人一样不完全理性，经过漫长的改造才摈弃了情感。早期瓦肯人可以与地球人混血，他们激进、好斗，甚至野蛮粗暴，各个瓦肯部落为了争夺资源经常爆发战争，以至于瓦肯人发现，战争居然使种族濒临灭绝。这时，瓦肯哲学家、科学家与和平主义者苏拉克站出来，竭力制止战争，网罗了越来越多的信徒。但他并未真正阻止战争，甚至在一次战争中也牺牲了。

苏拉克死后，他所宣传的忍耐、包容的信念，以及瓦肯人乃至所有宇宙物种之间"无限组合派生无限可能性"的口号，逐渐深入人心。随着瓦肯人的觉醒，瓦肯历史也发生转折。后来，这个转折时期被称为"觉醒时代"。

"觉醒时代"之后，瓦肯人完全拥抱理性和逻辑，竭力控制情绪，践行苏拉克哲学，结束了冲突，走出了非理性的黑暗。瓦肯人的科技创新和艺术创作能力被用于瓦肯文明的更新迭代和发展壮大，于是创造出了辉煌的星际文明。瓦肯人最终重返太空，借助超光速飞行能力，接触了无数的其他文明。

所以，瓦肯人是一种经过技术改造后的理性种族，适合作为参照物来预测现代智人的未来发展。当然，如此想象明显有"技术决定论"的味道，即相信新科技发展将深刻地影响甚至决定人类的生物学特征。与之相对的"人性决定论"认为，新科技发展本质上由人性所决定，而不是相反。更多人相信，两种观点都过于极端，人性与新科技存在互相影响、互相建构的关系，因此瓦肯人并非新人必然而确定的归宿。但无论如何，瓦肯想象对于思考新人非常有启发意义。

—— **4** ——

从智能社会走向瓦肯社会

　　由"科学人"组成的今天的社会，可以称之为"技治社会"或"科技城邦"，即运用新科技进行治理的社会。智能革命之后，科技城邦越来越倚重于智能技术进行治理，因此可以称之为"智能城邦"。如果有朝一日未来新科技终结了智人，那么新人必将组成全新的社会，我在这里称之为"瓦肯社会"（Vulcan society）。

　　从观念上说，"技治社会"是遵循"技术决定论"的社会。也就是说，当代社会越来越多的人相信技术决定社会发展的基本方向。我在《技术治理通论》一书中指出，人类社会在21世纪之交正全面步入"技治社会"。"技治社会"遵循科学原理组织社会，运用技术方法运行社会，依照科技知识理解社会，围绕技术治理系统来处理各种社会事务。如今，智能革命深入发展使各种技治手段会聚于智能平台，人类社会开始滋生某种技术性智能，从而向智能治理社会大步前进。

在智能治理社会中，最明显的"钉子户"是人的非理性。观念彻底被新科技改造的"科学人"崇尚数据、理性和技术。但是，21世纪的人类社会是否真的完全会被技术逻辑所塑造，对此，不少"科学人"仍然存疑，因为"科学人"的理性观念并不能阻止他们行动上的非理性，甚至不能阻止集体癔症和癫狂的产生。20世纪令人发指的奥斯维辛集中营、南京大屠杀和广岛、长崎的原子弹爆炸，都让这一点毋庸置疑。

据说，智人是唯一一种可以不以食用为目标而大规模灭绝同类的地球动物。如果新科技不能祛除"科学人"的残暴，科技城邦仍旧不免风雨飘摇。谁又能保证人族能顺利繁衍到25世纪，而不会中途被灭绝、自我灭绝或者永远堕入野蛮、混乱与倒退之中呢？这种顾虑便是近年来被全球思想家所热议的"文明危崖"问题，即当代文明是否会突然崩溃或彻底灭绝。如何越过危崖，绝大多数人认为，仍然要依赖理性并善用科技的力量。试问：除了这两者，人类还有什么有力的依靠呢？

如果能越过危崖，"科学人"演化为瓦肯人，技治社会演化为瓦肯社会，那么人类社会才能真正称为"技术决定论"社会。因为彼时，不仅人的思想完全理性、行动完全理性，而且社会也是完全理性的。有人说，20世纪种族灭绝的惨剧是启蒙和理性走到极致所带来的悲剧，这种说法是对理性的抹黑，纯属无稽之谈，因为希特勒并不是一个理性的人，而是疯子。

据《星际迷航：瓦肯旅行指南》一书介绍，瓦肯社会对科学和知识十分推崇。瓦肯人严格保护生态，很早就禁止捕猎动物。瓦肯星上修建了大量的科学院、博物馆。瓦肯科学院努力传播"拥抱逻辑、摒弃情感"的哲学思想，是星际联邦最著名的学府和科研中心。瓦肯人喜欢探险，好奇心很强，这对于理性研究工作非常重要。有意思的是，他们还爱好偏向于理性的文艺，如结构严格的序列主义音乐，并且品味超群，特别喜欢节日，娱乐活动和夜生活也很丰富。他们认为文艺并非完全非理性。实际上，这并非不可能的乌托邦状态，毕竟现实中的很多大科学家同样爱好艺术，尤其喜欢音乐。

理想状态下，在25世纪的"瓦肯社会"中，新人如果不是完全理性的，也会将非理性的东西，比如暴力、情绪和失控等压缩到最低的程度。在《星际迷航》中，瓦肯星是人类最重要的盟友，瓦肯人斯波克（Spock）是人类领导的联邦星舰"企业号"上举足轻重的伙伴。

这里用"瓦肯"这个词类比（或预料）25世纪的人族新人，并不是说认同科幻电影的想象，而是认为《星际迷航》中想象的瓦肯人、瓦肯星是"科学人""科技城邦"正在演进的方向。21世纪20年代，技术决定人类社会未来方向的趋势已然显露，而且势不可挡。很多人不满意智能技术被运用于社会运行之中，但智能治理的推进已不可逆转。现在的问题不是拒绝技术治理，而是要理解并在此基础上选择、调整和控制智能治理，使之造福于人类社会。

—— 5 ——
现代智人迈向未来，须努力奋斗

从智能社会通往瓦肯社会的途中荆棘密布，充满艰难险阻，甚至可以说整个过程都是行走在万丈危崖的边缘。用一个戏谑的比喻，即欲练"神功"，必须"自宫"，想立地成佛，必须抛却七情六欲。从"科学人"演化为"瓦肯人"，必须稳步消除旧人迷陷其中的非理性。

随着越来越多的机器人出现在劳动场所以及日常生活之中，有人惊呼人类正在成为附庸于机器的"无用之人"。人类越来越像人形机器，不得不与越来越像人类的机器人争夺劳动岗位。除此之外，人类之间还必须相互竞争，生活因而日益内卷，状态因而日益焦虑。

我们认为，未来的平等首先是"新科技平等"，即所有人平等地分享新科技带来的技术红利。在此基础上，"科学人"才可能安然走过危崖。否则，一些人借助AI抛下另一些人，自己实现"数字永生"或"科技飞升"，却任由弱势群体在泥泞中挣扎，这样绝对避免不了相互暴力残杀的厄运。

根据唯物主义基本原理，经济基础决定上层建筑，要稳步消除人类思想上的非理性，必须先有足够的物质财富作为基础，否则人类整天忙于生计，无力进行自我提升。随着机器人开始大规模投入使用，机器人劳动社会的先声已经传来。从理论上说，在机器人发展的未来愿景中，人类全部的体力劳动和绝大多数的脑力劳动都可以由机器人完成。彼时，人类社会物质财富极大丰富，技治社会最根本的效率困惑将彻底解决，转向诸如财富如何公平分配、如何能共享休闲等新的焦点问题。

但是，虽然创造了丰富的财富，智能治理打造的社会秩序依然存在巨大风险。在科幻电影《终结者》中，天网（Skynet）内修建的是一座智慧牢狱，人类在机器狱卒的统治下犹如待宰的羔羊。对此，很多人只是在讨论 AI 的道德决策问题，而不是思考如何将它控制于有限工具的设计框架之中。在"敌托邦"（dystopia）小说《一九八四》中，电子监牢的主人是"老大哥"，智能治理沦为一群人对另一群人的智能操控。所以，智能治理应该是受控的有限工具，当它越过界限，就会沦为智能操控。

在 AI 的辅助之下，科技城邦逐渐演变成智能城邦，它的计划性会不断上升，技治专家尤其是计划专家的地位显然越来越重要。技治社会的运行对专业有极高的要求，最好由各类治理专家来领导。在科学管理创始人泰勒的理论中，计划部门是整个工厂的核心。美国思想家伯恩哈姆认为，在技治社会中，包括政府在内的所有组织，都应该把治理工作交给职业经理人掌管。智能社会中的技治系统像齿轮精密、运转巧妙的仪器，一个小零件损坏，一个参数超出预定的阈值，都存在全面出错的可能。因此，智能城邦必须设计成有韧性的复杂而多元的智能社会，其中专家发挥重要作用但又必须受到控制。具体怎么做，需要结合国情，在实践中摸索、选择、调整和控制。相关问题第二章会详细阐释，在此先不赘述。

实现人与自然的和谐关系，亦是科技城邦逃避不了的问题。在多数思想家看来，生态危崖尤其是气候变暖问题，是"科学人"今日面对的最急迫的威胁。但是，理想状态下的生态国并非只能养育出卢梭想象中的"高贵的野蛮人"，保护环境也并不意味着要穿树皮、住树屋。在欧内斯特·卡伦巴赫（Ernest Callenbach）的《生态乌托邦》中，作者以美式文明为靶子，畅想实现激进生态乌托邦的途径，也就是在充分反消费主义、反工业主义、反进步主义等主流文化之后，走向一种可持续的生存路径。

只要人类科技不倒退，全球化大势便不可逆转。经济全球化使全球性问题频频出现，维系世界和平正在呼唤比联合国、欧盟更有力的世界性或区域性组织。不过，这里有一个明显的技术性问题：也许每个智能城邦都是理性的，由许多智能城邦组成的世界却可能是非理性的。因此，"科学人"必须心存世界政府的理想，将蓝色星球整个打造为全球化智能城邦。在此基础上，人类文明成为星际文明，将在瓦肯社会成为现实。

这一切的实现都极不容易。从21世纪到25世纪，一定是现代智人精心设计、不断变革和艰苦卓绝的奋斗之旅。

智人改造，须警惕风险

谁能否认新科技发展已经开始左右人类社会演化的趋势呢？谁也不能。因此，有些人将21世纪到25世纪人类社会由智能城邦奔向瓦肯社会视为"天命"。也就是说，从"科学人"到"瓦肯人"并非随意的猜测，而是人类在很大程度上正在呼之欲出的未来。如果我们将目光望向更遥远的未来，便可以相信：进入瓦肯社会之后，人类必将成为星际种族，拥有无比远大的前程。彼时再回过头看，智能城邦只是作为瓦肯社会的准备阶段而存在。

然而在迈向25世纪的征途中，越来越多的人担心人类会因为自身的恶劣行径而自我毁灭，比如爆发全球核战、环境遭遇破坏……显然，因可能错误地运用新科技的伟力，"科学人"的自我毁灭同时意味着对地球的巨大戕害。此类观点属于技术末世论，虽然拥护者不多，但是也不能被忽视。

除非有发展到高阶文明的外星人降临，或者有巨大的天外陨石、小行星等突袭了地球，其他的危崖归根结底都与人性有关，即都可以归类为"人性危崖"。让我换个表述方式，也就是——翻越危崖最大的问题是"科学人"的非理性能否顺利地基本铲除，而不会在一阵歇斯底里的集体爆发中使整个族群彻底灭亡。

自有文明以来，人类就试图通过宗教、学校、礼仪等方式进行自我教育和自我改造，但至今为止，效果都十分有限。虽然今人可以确信人类的知识能力已经远超一万年前的古人，但仍然完全无法确认人类良善的程度已有所提高。有些人甚至认为，人性一直在堕落，而非在升华。也就是说，既有的人性改造方法和手段并没有达到向善的目的。

于是，越来越多的人开始相信，以新科技为基础的身心设计如果运用得当，可以成为人类真正向善的新工具。身心设计要触动的不止于人类的思想，而是要从人类的基因和性状的底层发生作用。随着新科技的不断发展，"科学人"有机会将自身非理性的一面"压缩"到极小的——如果不能完全铲除的话——空间。

文化改造重在"压制"人类的非理性，科技改造则是"压缩"人类的非理性。越是"压制"，癫狂就越是可能爆发；而"压缩"是消解，可以更好地防止"压制"导致的"爆发"危机。

可是，在利用新科技手段改造人性的尝试中，也存在着极大的，甚至灭族的风险，即"人性改造的危崖"。在威尔斯的科幻小说《时间机器》中，科技发展到很高的程度后，经过身心设计的人类最后却分化成两支，即强壮而凶残的莫洛克人和柔弱而温和的埃洛伊人，前者生活在地下，欺压和猎食后者。并且，整个人类文明大幅倒退，莫洛克人和埃洛伊人都非常落后和野蛮。无疑，这是一种非常悲惨的结局。

人类自农业时代就已然开始了残酷的阶级斗争。在经济、文化和社会意义上，不同阶级差别之大，可以匹敌生物种族之差异。在科技城邦内部，各个阶级表面上看似和平共存，但阶级裂痕及其引发的冲突，仍然像地火一般有力地运行着。可以料想，在智人科技改造的过程中，如此差别必然被新科技所放大、所生物性状化。比如，没钱吃聪明药的穷人，如何与智商高出数量级的富人在技术时代竞争呢？从某种意义上说，人与人之间的不平等可以分为生物性状的不平等和社会性状的不平等。前者只是身体机能差异，比如胖瘦美丑愚智寿夭。想一想，生在穷人家可用勤奋弥补，可生来就比别人蠢，拿什么和别人拼呢？俗话说，有钱没钱进了澡堂一个样，可人类经由技术增强之后，脱了衣服，人和人可真就不一样了，别人可能是安装了外骨骼的"金刚狼"。因此，人性改造的危险，同样源于人性本身。相关问题第4章、第5章将详细阐述，在此先不赘述。

—— 7 ——

结语：勇气

"科学人"可能还没抵达瓦肯社会，就已夭折于危崖之下，因而"天命"也等同于理想蓝图的愿景。

事实上，智人从来没有停止过演化，并没有什么不变的人性和身体。这里要重提我在《技术的反叛》中所论及的"露西隐喻"：

如今主流古人类学研究理论认为，人类起源于同一个非洲古猿"露西"。当露西从树上下来时，她并不知道什么是人。

她只是扫视了一下身边的其他古猿，心里说了一句："我不再做猿猴了！我要做人！"可是，她并不知道到底怎么做人，她能决定的只是彻底与昨天告别，不再做野兽。

大约七百万年前，人、猿揖别之后，人类一直都如露西一般不知所往地活着。换句话说，人类一直都是"开放的场域"，是可能性本身。

今天，人类虽然仍不能确定自己将去向何处，但在智能革命的加持下，现代智人开始翻开演化的新篇章。利器在手，要么坠下危崖，要么闯进乌托邦。奔向瓦肯社会，既需要行动，也需要智慧，更需要人类百折不回的勇气。

第 2 章

———

财富

机器人承包了劳动，人类能专职休闲？

显然，没有物质财富的极大丰富作为基础，人类社会更高的下一个阶段不可能到来。物质文明是精神文明发展的基础，为精神文明提供必要的物质前提。也就是说，有了丰富的物质基础，精神文明才能绚烂多彩，新科技创新才能实现，人性也才会得到更多改造和提升的机会，从而建成更为理想的智能社会。

20世纪以来的文明史明白无疑地确立了"科技是第一生产力"，而新科技革命第一次使消除饥饿成为可能。解决了温饱问题的人类发现，各种机器的使用可以大大减轻劳动者的工作强度。所以，在自动化技术出现以后，越来越多的人类劳动被交给机器。进入21世纪，工业机器人得到普遍应用，于是很多人开始畅想：也许终有一日，人类的所有体力劳动都可以交给机器人，而人类自己则专职休闲，或者醉心艺术、科研等各种创造性活动。

—— 1 ——

机器人劳动已经开始

新科技革命之后，现代科学技术开始占据物质财富生产活动的中心位置。如今，"互联网+""人工智能+"更是全面赋能当代劳动活动的各个领域。可以说，当代社会经济运行与新科技发展纠缠得如此紧密，以至于离开技术创新就无法正常维系下去。比如，Windows操作系统如果不能一代一代地升级，很快就会变得一文不值。再比如，当代经济一旦发生衰退或受到金融危机冲击，没有新一波科技浪潮的支持，就基本没有能力走出来。

从根本上说，是技术突破或技术颠覆推动了经济扩张，当代经济已经不能不持续地增长，也就是在智能社会中，经济只能增长，一旦停滞就可能意味着彻底崩溃。这种情况会导致两大问题：一个是增长极限问题，即地球资源最终限定经济增长的"天花板"；一个是富裕社会问题，即当科技生产力发展到劳动者生产的物质财富已经达到，甚至超过满足社会成员舒适生活所需时，问题的重心就不再是如何生产更多的商品，而是如何公正而合理地分配它们。

1972年，罗马俱乐部（Club of Rome）在《增长的极限》一书中首次提出了"增长极限"问题。由于地球的物理空间有限，所以没有人能够完全否认地球上存在增长极限，但它的量级很难确定。更多的技术创新不断扩大了地球资源的利用范围，提高了它的利用效率；并且人类已经开始走向太空，即使地球资源的利用达到极限，理论上还可以继续开采月球，甚至太阳系其他星球上的资源，实现从地球文明向太阳系扩张。但如果人类不幸没有走出地球，那么增长极限便是智人文明的极限。所以，增长极限问题实质是人类社会如何突破地球资源瓶颈，超越地球文明而进化为星际文明的问题。很多人认为，今天的科技智人已经站在文明跃升的门槛上了。

至于富裕社会，有些人认为它早已到来。比如技术统治论者霍华德·斯科特（Howrd Scott）、罗伯（Harold Loeb）等人认为富裕社会开始的时间点在 20 世纪 20 年代末，制度经济学家加尔布雷思则认为这一时间点应在 20 世纪六七十年代。虽然看法不同，但大家都承认进入富裕社会的前提是技术经济的兴盛。因为没有新科技支撑的贫穷社会不可能让所有人都过上舒适的生活，只能是通过不平等的制度安排，让剥削者奢侈浪费而劳动者困窘饥寒。从自然科学的视角看，让每个人都能舒适生活所需的物理条件或生活物资品可以大致估算出来，整个社会的物质产品生产能力也能大致估算出来。如果后者估算出来的数字大于前者之和，还能留下足够的物质财富供社会发展和建设之用，就可认定已经进入了富裕社会。富裕社会所面对的实质问题不再是没有足够的财富可供分配，而是不合理的制度安排产生的经济不平等，即少数人浪费太多劳动产品，而使大多数人享受不到新科技进步带来的红利。

21 世纪 20 年代，一波新的 AI 浪潮袭来，机器人进一步"侵入"智能社会的经济活动中，很快使得上述两大问题变得越来越突出。可以预见，不需要一百年的时间，机器人便能取代人类做所有的体力劳动和绝大部分的脑力劳动。也就是说，智能社会正在进入机器人劳动社会，最终将进化到完全的机器人劳动社会。届时，如果将机器人能干的活儿都交给机器人去干，再让它们不眠不休地工作，那么生产力将被提升到难以想象的高度。理论上说，当机器人生产出来的商品数量远超人们的生活所需，物质资源的稀缺性状况就完全可以被终结。

当机器人劳动社会完全到来，智人很快就会迎来人类社会增长的极限。在极限到来之时，人类就得想办法使人类文明在地球之外站住脚跟，否则就会被"锁死"在地球上，或者因地球资源耗竭而逐渐衰退。同时，AI进一步加剧了富裕社会的本质问题，即使经济不平等飞快地走向极端：大量被AI代替劳动之后的"无用之人"因没有劳动报酬而无法养活自己、抚育后代。没有了钱，即使机器人生产再多的物资，穷人也免不了挨饿的厄运。接下来，这种厄运会不会激变为暴力冲突，穷人暴力与机器人暴力相撞会不会灭绝穷人？

因此，在智能革命爆发之后，上述两大问题逐渐演变为AI增长极限问题和AI富裕社会问题。显然，它们并不是由纯粹的新科技发展本身带来的，而是因新制度的不合理安排产生的。以旧经济学为基础的旧经济制度安排已经捉襟见肘，在AI时代表现出了许多不适应的状况。比如人们在网上休闲、购物等，按照旧经济学，这些不属于劳动，所以不必付给报酬。但是，网上数据经过数字平台的分析之后可以出售，或者形成某种盈利的商业模式，给平台公司带来了利润，那么它就必须被视为某种形式的劳动资料。

所以，AI时代的新经济学必须是政治经济学，智能社会是极度富裕与极高风险并存的社会，经济问题在智能社会与政治问题完全融合在一起。有前途的智能城邦，必须设计好走出地球和人人经济自由的制度解决方案，并使这种方案从根本上与机器人劳动社会相匹配，将可能发生的冲突转化为有利条件而不是无法扭转的崩溃局面。否则，飞速发展的机器人生产力，很可能将智能社会引向深渊，而"科学人"会第一次真正感受到：过高的生产力亦能是强大的破坏力。

今天，AI 发展已经成为某种公共性事务，全社会都在关心人工智能的每一次重要进步，及其对社会的冲击。但是，我们花太多精力讨论"超级 AI 会不会统治智人""机器人要不要有道德"之类的问题，这多少是有些误入歧途了，因为相关的讨论更需要关怀的是人而不是机器人，否则就无法解决如何在机器人劳动社会中安顿人类这样的终极问题。

当年，在北美的黑人种植园中，奴隶主为了让黑人奴隶更好地劳动，不仅不让他们读书识字，更是费心让他们变得道德高尚。这个举例并不是拿机器人与黑人奴隶相比较，而是想表明以下观点：机器人现在不是人，未来也不必让它们产生意识，甚至懂得"良善明理"，只需让它们扮演好"机器劳工"的角色即可。

AI 有限主义者认为，"科学人"研发机器人应将它们限制为功能有限的智能劳动工具，至于道德、责任和权利仍旧由人类来承担。人类既不要归功于 AI，也不要诿过于 AI，这样处理智人与 AI 的关系，智能社会才始终是人类社会，而非机器人社会。由于机器人不是被地主剥削的贫农杨白劳，也就不存在人类剥削机器人的说法，也不用担心"科学人"会因为使用机器人劳动而道德堕落。

不光是机器人会统治人类的争论，即便人类剥削机器人的争论也会阻碍机器人在劳动领域的全面应用。

——2——
智能经济的能量视角审视

那么，未来的新经济制度究竟应该如何安排呢？一些人，尤其是技术统治论者，建议从能量视角审视当代社会，以此为基础重新建构智能社会的经济制度。

包括智人在内，所有生命都要从环境中获取能量，再消耗能量维持有机体的稳定生长，以及促进其功能和目标的实现。在某个时间片段上，有机体的能量输入、转化和输出之间要达到平衡，即要符合热力学第一定律——能量守恒和转换定律，否则有机体的健康会受损，甚至逐渐走向死亡。如果将经济体视为有机体，它就同样要满足能量负载平衡的要求，否则不仅会不可避免地发生经济危机，还会在混乱中最终走向崩溃。

在即时战略电子游戏，比如《星际争霸》中，由玩家建设的军事经济体目标是打败竞争对手，玩家需要在更短的时间内获取更多的能量晶石，并更快速、更合目标和更持续地转化为可输出的军事力量。所以，这类电子游戏实质上是从能量角度看待经济活动。虽然智能社会能量负载平衡的目标并不是打败外星人的进攻，而是让社会整体变得更高效，从而为更高的目标服务——比如从地球文明演进为星际文明，但是智能社会的经济建设和发展仍然可以被视为一种能量平衡的艺术。

在具体活动层面，人类将可获得的能量转化为人类可利用的形式。比如大片的野草固定太阳能，草食牲畜吃草，智人不能直接吃草，但可以通过放牧活动饲养牲畜，间接利用太阳能。一些人认为，智人利用的所有能源除了核能，都是变化之后的太阳能：智人及牲畜食用动植物获取能量，利用的是生物光合作用转化为化学能的太阳能，而燃烧煤矿石、石油、木材，利用的是过去时光中被存储下来的太阳能。通过各种形式的劳动，人类改变了太阳能的存在形式，使之可以为人类所利用。

在工业革命之前，人类有效发生的能量转换的数量级非常低，主要采用的形式是人力以及少量的畜力、风力和水力，传统社会因而处于低能社会阶段。随着工业革命的完成，人类社会自 19 世纪以来所使用的能量数量实现了指数级攀升，地球在过去漫长历史中积累的矿石能源被大规模利用，机器成为主要动力来源，人力在能源格局中的占比变得微乎其微，现代社会因而进入高能社会阶段。在高能社会中，有人做过统计，1929 年美国所有人力的能量输出，比不过当时底特律一座大型钢厂的能量输出。

从能量的角度来看，高能社会的能量运行规律不同于低能社会，因此高能社会的经济制度应采取适用于以大机器工厂为特征的工业系统新模式，它必须以大规模的能量测算为基础进行精密运转，就如同运转机器一般。自 20 世纪七八十年代以来，随着技术治理在全球范围内的不断推进，这类构想在不少技治社会中已经实行。

随着富裕社会的不断发展，使社会成员舒适生活所需的能量，在不断增加的能量利用总量中所占的比重越来越小。那么，其他的大部分能量是如何消耗掉的呢？它们被用于人类对世界的改造活动中，包括自然改造、社会改造和智人改造。

到智能革命兴起之时，富裕社会发展为 AI 富裕社会，人类对自然的改造产生"行星级别"的影响，即对地表形貌产生整体性的改变：各种大型工程、开山挖石、人工造林、交通硬化以及巨型城市的建设，在地球表面上深深地烙下人类的印记。由此，一些地质学家认为，人类已经成为主导的地质学因素，一万多年前开始的全新世至此被人类世所取代。不过，对于人类世代的起点存在不同的理解：有些人将智能社会称为人类世，也有人将人类世的出现追溯到工业革命，甚至精确到纽卡门、瓦特发明蒸汽机之时。

智能技术对人类社会的能量负载平衡活动的影响颇巨。首先，作为新工具，AI 和机器人直接提高能量转换的数量、形式和途径。比如，深海机器人可以自动开采海底矿藏，这在以前无法做到。其次，作为信息便捷传播平台，互联网极大地提高了能量转换和利用的效率。比如，智能电网能随时监测电力传输和使用状况，通过错峰调配等措施减少电力浪费。可以想象，未来机器人取代人类做所有体力劳动和绝大部分脑力劳动之后，地球上可利用的能量转换基本都会被 AI 完成。并且，如果幸运的话，通过各种计算平台精心计算和配置，这些海量能量转换将实现某种精细的平衡。

彼时，智能社会到达增长极限，前进到高能社会之后的极能社会，推动经济制度围绕能量负载平衡而深度演化。可以想见，饱和状态的平衡无法持续太久。极能社会发展到成熟阶段，人类必然会走出地球，从星际获取智人活动所需的能源，彻底终结物质资源的稀缺性。否则，停滞的极能社会可能因为能源耗竭而急剧衰败。

在极能社会中，能量测算得到完善，所有的能量输入、转化、流动、输出和浪费等，都能被 AI 事无巨细地即时记录在案，并被持续分析和优化。像绘制出河流水网图一样，"科学人"可以绘制出极能流淌的完整图纸。很快，极能流动主要围绕机器人运动完成，绝大部分能量被引向满足人类舒适生活之外的创造性社会活动中。

大家可以想到，此时若没有合理的更高社会目标，极能泛滥会如黄河决口一样也可能重挫人类文明。比如，极能如用于国家间的相互争胜，智人灭族会是眨眼间的事情，如今的核大战危机便是佐证。从能量角度看，极能社会向外可以走出地球，利用地球之外的能源，使人类文明从地球文明跃迁为星际文明，这是未来更高社会目标的一个重大选项；极能社会向内可以选择建设人人幸福的乌托邦，全面铲除人类社会的贫穷、饥饿、疾病和不平等等问题，实现极能更合理、更高效地流通和平衡，这是未来更高社会目标的题中应有之义。总之，AI 增长极限问题和 AI 富裕社会问题，会推动极能社会继续演进。

从远景来看，从低能社会、高能社会到极能社会，人类利用地球能量的数量级和格局将发生巨大变化，与之相配套的社会制度必须相应地变化。目前，智能社会正处于从高能向极能跨越的关键阶段，需要不断进行制度创新以实现新的能量负载平衡。很多人认为，这个阶段不会持续很久，很快就会因机器人的广泛应用而进入极能阶段。在此窗口期，社会制度的全面转型任务非常重，如果不能完成，那么势必影响智能社会走向成熟。

—— 3 ——
数字共产主义和 AI 共产主义

大约四千年前，货币出现了，人类社会的经济最终全面演变为货币经济。显然，货币流动映射的是商品交换过程中的利润增值，而不是能量的流动情况。以货币为基础的价格体系，反映市场中的供需关系。市场中的供需关系不等于社会真正的供需关系，而是被价格体系扭曲的供需关系。比如，在 1929—1933 年的经济大萧条中，牛奶因卖不出去而变得一文不值，但并非没有人需要牛奶，只是穷人们没钱买牛奶。想喝牛奶的人买不起牛奶，想卖牛奶的人却将牛奶倒掉，这是货币经济造成的一种悲剧。

赚更多的钱，支配更多的商业利润，是整个货币经济运转的根本动力。货币经济的生产活动目标不是尽量生产更多的商品，也不是服务于满足人类舒适生活所需，而是服务于持有者的货币增值。如果生产阻碍货币增值，可以停止、破坏生产。比如，某个技术专利一旦实施，就可能冲击已有的工厂生产，导致同类工厂亏本。为避免这种情况发生，资本家就会买下该专利并将它"雪藏"起来。在低能社会，价格体系符合人类能量利用的水平，而低能水平不能满足所有人的舒适生活所需，只能以货币流通来决定商品和服务的不平等分配。此时，分配围绕交换进行，与物理稀缺性相适应。

富裕社会到来，绝对稀缺性被人为制造的稀缺性所取代。比如，在生产满足全球大部分服装需求的服装制造大国，仍然有人买不起新衣裳。显然，这不是新衣裳生产的量不够，而是制度安排的问题。在智能时代，经济不平等的价格体系与新科技生产力之间的矛盾越来越明显，"AI失业问题"——机器人的应用会让越来越多的人失业——变得越来越严重便是重要的佐证。想一想，机器人生产出成倍的物质财富难道不好吗？当然好。但是，如果机器人让人失业，失业者因为赚不到工资而买不起机器人生产的商品，就会使经济运行受阻。按照马克思的观点，生产力决定生产关系，生产关系要适应生产力发展状况。因此，问题的症结不在于机器人对生产力的提升太大，而在于发达的机器人生产力应该配套新的生产关系，以既有经济制度为核心的生产关系不适应高速发展的机器人生产力，后者迟早要突破前者所决定的既有经济制度。

当机器人劳动社会全面建成，稀缺性消失，社会财富远超社会成员舒适生活所需，货币经济运转的动力也会逐渐消失。如今，在一些高福利国家，失业之后的社会救济就能让人过上舒适生活，人们因此不愿工作。未来，当机器人全面取代人类劳动，包括所有体力劳动和绝大多数脑力劳动，将使绝大多数人没有工作，他们无法转换自身拥有的劳动力。

想一想，1%的人领着机器人工作，99%的人在家领救济休闲，这样的社会可能出现吗？很难相信，极少数人会甘愿为其他人的休闲生活去接受繁重的工作，并且他们还是社会的精英和资本家。因此，远景中的极能社会必定要取消货币和不平等分配，实行完全平等的分配和生产，即大家同等劳动、同等消费、共同占有生产资料。理论上说，新经济制度迟早将"科学人"从经济压迫下解放出来，让人人都实现经济自由。

随着机器人越来越多取代智人劳动，机器人的持有者在几乎"无人"的场景下进行生产，此时，按劳取酬的分配方式难以为继。现在，很多人主张实施"全民基本收入计划"（UBI, Universal Basic Income），或要求征收"AI税"，主要理由是新科技是人族的集体财富，是前人集体智慧的结晶，应该为所有社会成员所共有、所共享。这种主张与中国特色社会主义共同富裕的理论依据不同，但实施效果上异曲同工，朝着人人经济平等的方向前进。因此，一些社会主义者提出数字共产主义或AI共产主义的思想，即以数字技术和人工智能为基础的共产主义理想。

可以想象，在完全由机器人劳动的社会中，所有的社会财富基本由 AI 生产，所以全体社会成员应共同占有生产资料，平等共享消费资料。否则，财富被 1% 的人占有，而 99% 的人又没有工作，AI 生产出海量的商品，却只有极少数人有购买力，这样的经济体系如何能可持续地发展呢？所以，成熟的智能社会存在向某种形式的公有制和按需分配制度社会靠拢的趋势。当然，这样的靠拢是一个长期过程，一些技术统治论者认为可能要经历公司垄断、行业垄断、国家垄断到生产资料公有制的发展过程。首先是一些大公司垄断某些商品的生产和销售；接下来一些行业被一个或几个企业所垄断；然后国家介入行业垄断，设立一两个国企运转控制垄断行业。当大多数行业被国家垄断，社会成员通过国家来控制生产资料的公有制色彩越来越浓厚；最终智能社会可能走向某种准公有制，即很可能保留小部分的私人财产权，比如直接的生活资料，但是这相对于总的能量分配格局来说是微乎其微的。

除了人类的享受之外，智能社会的大部分能量被用于人类改造世界的更高任务。此时，机器人会被全力开动起来，逐渐在全社会范围内实行统一生产和消费。生产资料共有之后，机器人生产不再是为资本家牟利，而是为整个社会生产商品和服务。此时，货币肯定会被取消，而代之以其他的经济测量指标。从能量角度看，可以用能量券替代货币，能量券的点数代表生产某项商品和服务所消耗的能量。显然，能量券反映的是能量流动的状况，而不是利润流动的状况，不存在价值与价格偏离的情况。比如，经济危机中的牛奶虽然卖不出去，但从能量角度看生产牛奶的能耗并没有变化。

准公有制下的机器人劳动社会，最好实行所有人平等地按需分配的新制度。比如，所有社会成员都分配同样点数的能量券，能量券记名到个人，不能转让、出借、赠予和继承，有使用期限，无法积累，也不能通过储蓄和投资获利。更进一步，连能量券之类的物理券最终也要取消，大家按需到指定地点领取生活所需，或者由机器人按照提前告知的需求送货上门。总之，智能经济的发展趋向于公有制，经济上人人不平等可能会逐渐在 AI 时代消失，最终没有人再担心生活的压力，达到事实上的人人经济自由状态。

因此，机器人劳动社会的经济运行，很可能采取物理学方式。其一，物理财富取代货币财富，即社会财富的衡量从货币或债券变为能量券等物理券。货币财富表示社会欠持有者的商品数量，而物理财富是实实在在可使用的商品数量。随之改变的是劳动观念，劳动的目标在于创造可使用的商品，而不是从市场上攫取更多利润，由此导致新旧劳动形式的不断更迭。其二，能量控制取代市场机制，即海量极能的流动按照科学方法进行控制，而不是交由盲目的市场供求关系来调整。在供求关系上，成熟的智能社会能即时收集到生产、消费和需求信息，统一传输到计划中心进行处理，使生产与消费相匹配，避免供需矛盾。通过智能平台，联网机器人的劳动被精细地管理，随时调控，避免盲目生产和浪费。也就是说，智能经济的计划性会极大提高，这在智能革命之前是无法想象的。总之，AI 帮助实现共产主义的想法，在很大程度上是有根据的。

—— 4 ——
政府保证人人经济自由

按照能量负载平衡的方式高效地运转经济，其任务之繁杂，操作之专业，是成熟机器人劳动社会最重要的"政治"。随着智能社会不断深入推进，未来政府的主要职责将更加集中于保证智能经济的运行，尤其是组织机器人大生产，实现每个人的经济自由，为改造世界提供物质基础。

一些人认为，在极能社会的极端案例中，政府甚至可能成为经济部门的一部分，即经济管理部门。可以预见，智能经济使生产和消费的总量急剧扩大，但是在智能平台的支撑下又越来越集中。目前，数字平台的垄断行为受到了限制。对此，有人认为，问题不在于垄断，而在于私人垄断，因而主张建立国家数字平台取代私人数字平台，以此实施的国家垄断行为可以解决私人垄断的各种问题。

按照这样的思路，如果行业垄断程度不断推进，高能社会最后每一行业只剩下两三家大型集团，它们内部本身由专业的领导者组成理事会来运行。当智能经济的垄断发展到一定程度，可能逐渐过渡到社会共有：先是具有天然集中性的基础设施领域，然后逐渐向外扩散，最后是难于集中的服务业。在此基础上，每个行业中理事会中的顶级领导者，经过遴选组成技治政府，在智能平台基础上运转整个行业联合体。此时，以智能平台为基础的技治政府实际是行业管理系统的延伸，让经济高效运转是其核心任务。

所有政府成员包括政府首脑，按照智能治理的逻辑，应该依据专业能力，尤其是智能规划与控制的能力，从实际劳动者中逐级晋升起来。专业能力不仅包括纯技术能力，也包括经济管理和公共治理能力，保证其熟悉某个行业所有经济运转问题。然后再辅以任期制和投票制，可以防止政府固化和极权。

在机器人劳动社会中，人类劳动的总量已经很少，劳动状况与今日有天壤之别。彼时，需要人类亲身参与的劳动或者创造性很高，或者是情感性的、与人打交道的，或者是某些需要人类拍板的风险性决策。虽然量很少，但是成年人都要参加劳动，包括残疾人（在 AI 辅助下）也要从事力所能及的工作——可以想象，劳动所需要的人类体力肯定不大。

根据专业劳动技能，劳动者分为初学者到专家等不同等级。晋升是结合业绩、考试和同行评议完成的，必要时也可以邀请退休代表参加投票表决。如此逐级晋升，最终政府组成成员必然是技术－经济方面的最高级别专家。所以，某些技术统治论者和数字共产主义者设想的智能治理政府，本质上属于专家政府。

未来智能治理政府的功能主要被限制在保证人人经济自由之内。除了劳动方面的要求和禁止反社会的行为，智能治理政府基本上不干预个人自由，也没有其他统一性要求，它允许各种人民民主的自治行动。它保证人民的政治立场、宗教信仰和言论的自由，保护文化思想的多样性。人们主要通过消费行为而非投票行为，对经济系统施加影响。

在政府之外，允许各种社会团体充分发展，社会生活呈现生机勃勃的多元化状态，而这有利于进一步推动对新科技和社会未来发展方向的探索，为智能社会走向瓦肯社会创造条件。显然，这样设想出的政府与既有政府的差别很大，甚至可以说，新政府实际上消灭了传统政府。这与马克思所讲的"国家消亡"观念并不相左。

一些人担心，AI在治理领域的应用，可能扩大政府机构。比如，智能交通系统获取大量的车辆、路况等数据，需要交通部门设立专门机构，雇佣更多人员来分析、处理和维护。随着机构膨胀，可能导致政府权力过大甚至失控的情形，与目前主流的"小政府"趋势相悖。的确，这是未来政府发展中必须着力解决的问题。但是，智能经济的发展已经出现有利于控制政府规模的某些征兆。比如，越来越多的政府事务正在成为技术性事务，可以根据科学原理，运用技术方法加以自动化地解决，需要投票表决的政治事务很少，不需要太多政府人员。像机器人警察、机器人狱卒的使用，会减少警察局和监狱体系所需的人力。

必须要指出，权力对未来政府官员的腐蚀并不能完全杜绝。科学共同体的成员为了学术声望尤其是同行的认可而奋斗，并通过持续的学术贡献而积累学术声望。类似地，理想的智能治理官员依靠专业技能和实际业绩为国服务而积累行政声望，杜绝出身决定和裙带关系。显然，这是将行政工作类比科研工作的专家思路，将两者均视为某种形式的解题活动。对学术声望的痴迷可能催生学术腐败，对行政声望的痴迷亦可能导致行政腐败。同样，在智能社会中，政府公开和科研公开一样，是防止官员腐蚀的重要利器。更为重要的是，向公有制和共产主义前进，并不等于走向国家主义。按照马克思主义基本原理，在 AI 共产主义社会，国家会走向消亡。

—— 5 ——
休闲，或醉心创造

随着科技生产力的发展，人类的劳动时间逐步减少，八小时工作制和周末双休已经普遍实行。近年来，西方发达国家的一些企业在试行一周工作 4 天。实际上，如果生产目标是满足所有社会成员舒适生活所需，那么我们并不需要太长的劳动时间。按照工程师斯科特所组织的社会测量项目的测算，1929 年，北美发达国家的人们只需要 25 到 45 岁之间的人工作，每周工作 4 天，一年工作 165 天，他们生产的东西就完全够用了。那可是 1929 年！与今天相比，1929 年的科技水平很低，还没有开始新科技革命。未来完全由机器人劳动之后，大家可以畅想一下，人类一周还需要工作多久呢？当然，劳动时间的减少并不会在资本主义社会自动实现，和以往一样，它需要工会长期有组织地斗争和不断的社会制度创新。

无论如何，新科技大发展，人类寿命、闲暇不断增加是个大趋势。随着闲暇的增加，如何度过闲暇，对于智能社会的发展将越来越重要。人们可以在闲暇时间从事高尚的文化、艺术和宗教活动，或者从事健康的体育活动，或者创造性的科研、学术活动，以此进行自我提升和自我教育。

随着新科技尤其是 AI 技术的不断发展，需要从事文艺活动的门槛不断降低，人人都可能在休闲中达到艺术家的专业水平。比如，单反和手机摄像头的革新，使普通人也可以拍出媲美专业水平的摄影作品。利用 AI 工具，业余的音乐爱好者无需进行专业训练，就可以自己进行作曲、编曲、配器和混音等工作。至于用 ChatGPT 等生成式人工智能（GAI）工具写小说，在本书出版之时，已经有非常多的人开始尝试了。

如果闲暇利用得好，劳动者可以发展出多种专业级的技能。比如，由于业余爱好发展到了专业程度，而创造出更换劳动职业的机会。马克思曾说，在共产主义社会里，每个人都可以随意更换工作部门，"上午打猎，下午捕鱼，傍晚从事畜牧，晚饭后从事批判，但并不因此就使我成为一个猎人、渔夫、牧人或批判者"。劳动岗位的转换，需要相应的工作技能支持，未来学习新技能常常会在休闲中以爱好的方式实现，而不再是半强迫的苦差事。

显然，当人人实现经济自由，休闲活动会极大地有利于思想解放，培养社会成员的创造性。于是，智能社会可能因为人类有了休闲而变得非常活跃，新科技和新工业发展的阻碍会不断被克服，各种社会制度创新也会不断涌现，从而加速智能社会的进步速度。就科研活动而言，闲暇科研活动将明显促进"为求知而求知"的无功利钻研精神，有利于科学精神的弘扬。大家知道，当科研人员的主要目标是职称、金钱和虚名时，科研活动因可能被异化而受阻。

除了科研活动，由于政府保证人人经济自由，货币也被取消，"金钱至上""货币拜物教"的腐朽价值观在智能社会中逐渐消失，人们对文化、宗教、教育乃至娱乐的追求都会变得更加纯粹。比如，专业电子游戏玩家因不需要靠游戏挣钱养活自己，使游戏带来的快乐体验大大提升；社会教育不再是为了劳动培训，而是为了促成人的全面发展；广告业可能消失，各种广告对人民的消费主义灌输和审美强迫被解除，流行的潮流时尚消失，大家真正按照自身的喜好和审美来穿着打扮；经济安全之后，人类选择生活方式的自由度提高，个人的生活样式也越来越多样化；再比如，更高的社会声望被专业技能高、一心为国服务的人，而不是被腐朽弄权的政客、贪得无厌的资本家所享有，人民的精神状态朝着更良好的状态发展……总之，此类社会文化方面的新变化，更有利于智能社会成员拥有更幸福的精神生活。

当然，上述休闲发展趋势只是乐观的预测。在悲观的预测中，闲暇使得科技智人变得完全无所事事而精神空虚，滋生各种事端和消极情绪，好逸恶劳、好吃懒做最终导致集体退化。比如，一些人有可能用大把的休闲时间打麻将、斗地主、玩电子游戏，甚至沉迷于赌博、吸毒。在电影《机器人瓦利》中，未来人类拥有高明的科技，却人人躺在椅子上不动弹，吃饭由机器人喂到嘴中，甚至和同伴说话都懒得转头。实际上，很多人如今变得越来越宅，久坐不愿动弹，导致心血管疾病增加的情况已经很普遍。长此以往，人族的繁衍都将受到威胁，更不用考虑向更高社会阶段跨越的问题了。因此，乐观预测也意味着一场彻底的教育和文化革命，肃清以货币经济为基础的旧文化的负面影响。

—— 6 ——
阶段性理想：AI+ 共同富裕

智能经济要繁荣，必须进行制度创新。类似需要已经摆在面前。比如，AI 失业问题由于社会影响极大，更是引发激烈的争论。实际上，20 世纪七八十年代，在自动化浪潮逐渐席卷西方发达国家之际，"自动化失业问题"即自动化进程导致不少人失去工作，也使自动化的推进备受争议。如今，"AI 失业问题"看来将比"自动化失业问题"更严重——因为人工智能不仅冲击体力工作岗位，而且还冲击脑力工作岗位——因此更是将新科技发展与就业冲突的讨论推向风口浪尖。

在中国，社会主义现代化新征程全面开启，共同富裕成为经济发展和社会发展的首要目标。毫无疑问，实现共同富裕的奋斗过程与全球范围内的智能革命在一段时期相重合。也就是说，智能革命是实现共同富裕最重要的新科技背景。因此，处理好智能革命与共同富裕的关系，使得两者相互促进、相互支持，实现"AI+共同富裕"，是建设新时代中国特色社会主义的重要任务之一。

首先，智能技术并不必然扩大或减小贫富差距。

总的来说，关于 AI 失业问题有三种不同的基本观点：一是人工智能增加了就业岗位，二是人工智能减少了就业岗位，三是人工智能在某些行业、某些地区增加了某些人群的就业岗位，而在另一些行业、另一些地区减少了另一些人群的就业岗位。这些研究使用的统计数据不一样，统计的对象不一样，分析的方法不同，很容易得出不同的结论。并且，它们都是对已经发生的事情进行分析，认为未来肯定重复现在的规律，通过数据分析发现 AI 增加或减少就业，断定今后也一定如此。但是，劳动智能化是新事物，很可能打破原有的规律，产生新的变化。

从根本上说，智能革命如何影响社会与人们如何应对技术冲击和技术风险紧密相关。在现实中，智能化并不必然导致失业，也并不必然增加就业，因为智能技术不等于智能技术的应用，同样的，AI 可能触发不同的智能革命模式，有些有利于劳动阶级，有些有损于劳动阶级。

进一步而言，就业岗位的增加或减少，工作时间的长短，并不必然对应着收入的增多或减少，更不必然对应着社会贫富差距的扩大或缩小。和一百年前相比，如今工人的劳动时间普遍减少，但是生活水平却明显提高了。在北欧一些高福利国家，由于失业保险、养老保险、住房保障和最低收入等社会保障措施的实施，失业的人们也不必为基本生活发愁，有些收入低的工作甚至不如领失业救济金划算。这些高福利国家的基尼系数往往比美国更低，社会贫富差距更小。即使人人都就业，单位时薪的差距扩大同样会扩大贫富差距。显然，投资收益与劳动收益的差距也会影响贫富差距。总之，贫富差距问题非常复杂，不能简单地还原为就业问题。

因此，智能技术并不必然扩大或缩小贫富差距，反而在资本主义社会中更有可能扩大贫富差距，但在社会主义社会中则更可能缩小贫富差距。无生命、无意志、无思想的智能技术本身不会压迫劳动者，AI压迫的实质是资本家对劳动者的压迫。对此，马克思一针见血地指出："矛盾和对抗不是从机器本身产生的，而是从机器的资本主义应用产生的！"也就是说，AI失业问题的关键在于"AI的资本主义应用"，而不是智能技术本身。

其次，智能化进程应服务共同富裕的首要目标。

由于制度根本不同，社会主义国家的智能革命和智能化的进程，必然与资本主义国家不同，必然要选择一条社会主义智能革命道路。那么，究竟什么是与"AI的资本主义应用"相对的"AI的社会主义应用"呢？显然，这意味着人工智能技术的发展在中国要接受社会主义基本原则的指导，为建设中国特色社会主义制度服务。而"共同富裕是社会主义的本质要求，是中国式现代化的重要特征"，更是现阶段中国特色社会主义建设新征程的重要目标，因此"AI的社会主义应用"现阶段必须紧密围绕共同富裕来展开，为实现共同富裕做贡献。

如果智能革命进一步加剧社会不平等，激化社会矛盾，那么肯定走不远。无论是资本主义社会，还是社会主义社会，智能化导致社会贫富差距进一步扩大的问题，是所有国家均需平等面对的巨大风险和挑战。很多人指出，当前贫富差距与不平等的扩大与新科技的应用，尤其是AI浪潮的席卷紧密相关。如果智能技术不接受共同富裕原则的指导，那么很可能将扩大社会不平等。坐视智能革命加剧社会贫富差距不管，就会出现社会极化和动荡的结果。

因此，西方社会的许多有识之士，都在呼吁采取有效措施来应对这种风险。马斯克呼吁，为应对智能化可能导致的失业和不平等问题，必须采取全民基本收入（UBI）方案的相关举措。而所谓全民基本收入，是20世纪七八十年代在西方社会出现的消除贫困和不平等的左翼激进主张，倡导国家将一部分社会财富平均分给每一个财政居民，而不附加工作或其他任何准入条件。在新冠疫情肆虐期间，一些国家无条件向所有人"发钱"，就有UBI的性质。总之，在推进智能化的同时，必须妥善处理好贫富差距和不平等问题。

最后，实现共同富裕需要智能技术的有力支撑。

共同富裕是一个史无前例的伟大目标，实现共同富裕是一件漫长而艰巨的伟大任务。科技是第一生产力，实现共同富裕需要新科技的有力支撑。在实现共同富裕的道路上，只要战略和措施得当，智能技术和智能革命将成为有力辅助。

智能技术可以助力经济增长。共同富裕不是共同贫穷，必须以大幅度增加社会财富为基础。智能革命正在成为新的经济增长动力，数据和计算日益成为经济发展的关键生产要素。智能经济的崛起，使得智能技术在整个经济活动中发挥越来越大的作用，包括大幅度提高社会生产力，优化整体的经济与产业结构，激发中国民营企业的活力，促进区域乡村经济的协调发展等。对此，配第－克拉克定理提出，人工智能技术可以提高劳动生产率，从而实现生产的全自动化，进一步驱动产业结构转型升级。

智能革命可以增加某些就业空间。第一，从 Web1.0 到 Web3.0，互联网技术蓬勃发展，提供了新的就业岗位。比如，短视频和直播平台凭借灵活的工作时间和人人都能参与的优势，成为不少年轻人实现自我价值的选择。第二，智能革命进一步繁荣电商、共享经济、平台经济等行业，提供大量兼职岗位，增加就业的灵活性，出现许多创新性副业。比如，滴滴打车平台在疫情之前的 2018 年共带动就业机会 1826 万个，其中包括网约车、代驾等直接就业机会 1194.3 万个，还间接带动了汽车生产、销售、加油及维保等产业链上下游的就业机会 631.7 万个。第三，Upwork、Lyft 和 TaskRabbit 等劳务平台，利用算法和实时数据将劳动者与任务迅速配对，方便工人寻找工作，催生了大量按需临时工作，如图片标注、跑腿、护理和日常个人服务等。

智能技术可以助力"分好蛋糕"。"分好蛋糕"侧重在全社会范围内推进公平正义，将共同富裕的成果惠及广大人民群众。智能革命可以在推进机会均等与基本公共服务、合理调节收入分配群体比例、城乡区域协调等方面，发挥着不可替代的技术性作用。在机会与服务均等化方面，大数据技术能够帮助对公共服务需求规模和结构进行分析和预判，减少社会资源浪费。在收入调节方面，智能技术可以帮助规范和调节高收入群体的收入。在城乡协调方面，智能技术通过农村电商、乡村直播等形式提高农村居民收入。

所以，智能革命与实现共同富裕相得益彰是可能的，关键在于如何进行制度创新，妥善应对 AI 失业问题。

—— 7 ——

结语：清醒

可以肯定，人类的经济活动，将因为机器人劳动而发生根本性的改变。但是，在不同的语境和国情中，此类改变并不会完全相同。并且，我们生活于其中的，是一个并非技术决定论的世界。新科技只是为社会未来发展提供了某种技术支撑或基础，并不能决定它的发展方向。同样的技术条件，可以与不同的社会制度相结合，发挥不同的社会功能。

既有历史经验表明：人类社会走上极端方向的可能性极小，

至善或极恶的理论状态均极少出现，绝大多数情况下均呈现出有好有坏的现实状态。我们必须清醒地认识到：AI经济的未来发展道路应该"介于乌托邦与敌托邦之间"，而它究竟是一条什么样的道路，不同国家和地区、不同文化和族群肯定会在具体历史语境中呈现出各自的特色。而面对AI的经济冲击，最好是从最坏处着想，向最好处努力，并永远保持乐观的心态，不断推动技术—经济制度的创新。

第 3 章

————

技术加速

生活越来越快，是福音还是噩耗？

人类未来是否会更休闲？这并非一个纯技术问题，而是涉及未来社会制度如何变革的问题。技术进步只是提供了增加休闲时光的可能性，如果不结合相应的制度创新，现实是人们可能变得更忙碌。1860年，作家、学者莱特里曾感慨："现如今没有人能享受到清闲，人们总是在活动着，不管是寻欢作乐，还是忙于工作。"一个半世纪过去了，大家发现，1860年代比今天悠闲多了。正如电影《肖申克的救赎》里的经典台词，今天的人们"要么忙着活，要么忙着死"。

最近几年，"996福报""躺平"等相关话题备受关注，有关"过劳死"的新闻时常冲上热搜。并且，工作、生活和学习的节奏似乎还在加速，当代社会的时间压迫感越来越强烈，此即如今随处可见的加速现象。一些理论家认为，当代社会本质上是加速社会，而且无法避免社会加速。在加速社会中，新科技尤其是AI技术扮演着何种角色呢？多数加速主义者信奉技术决定论，将技术加速视为加速社会运行的基础。因此，未来智能社会想要更休闲，必须思考如何在加快AI技术发展的同时，减缓甚至完全消除它增加社会生活压迫感的负面效应。

信息时代，加速现象被关注

如果你愿意检索，会发现在各个时代、各种文化中，有很多抱怨劳动艰辛和人生太匆忙的言论，如唐代刘禹锡在《陋室铭》中就曾向往"无案牍之劳形"的陶渊明归田园后的悠闲。但身处同样的社会环境中，可能有人忙碌有人悠闲，所以仅凭几句抱怨文字，并不能断定社会是否在加速。

一些人类学家认为，人类从狩猎文明进入农业文明，劳作强度加重，生活开始加快。虽然农业生活让人类定居下来，人类可以靠自己生产的粮食来保障温饱，但必须"面朝黄土背朝天"地辛苦耕种，或者早出晚归养牛牧羊。于是，很多人认为，从狩猎文明到农业文明是人类错误的选择，因为它让生活变成了定点苦役，不如逐兽群水草而居来得自由。确实也有证据表明，智人在狩猎时代的寿命比农业时代要长，其中很重要的原因是食物、运动的多样性在农业时代人类开启定居生活后变得单一化。

更多人认为，加速始于工业革命时期，即大规模地使用蒸汽动力的现代机器革命时期，而现代化本身就可以等同为加速过程，现代性的本质就是加速性。在工业革命之后，机器工厂如雨后春笋般出现，农民离开土地成为工人。看似工人的劳动强度不如农忙时农民的劳动强度大，但是工人一年到头都是朝九晚五地上班，甚至不分黑白地"三班倒"，而农民则有农忙与农闲之分。冬天最冷的时候，工人仍需上班，而农民可以选择"猫冬"。但是，类似对田园牧歌的羡慕，却挡不住中国农民进城务工的步伐，他们认为城里的生活更舒服一些、更富足一些。于是同样，也有人认为，从农业文明过渡到工业文明是人类再一次错误的选择，因为它让生活进一步被控制，不如农业时代各种不确定来得"浪漫"。

也有不少思想家认为，信息时代是普遍加速的起点。在《大趋势》中，约翰·奈斯比特（John Naisbitt）认为，信息技术的兴起，使得信息渠道中信息流动速度加快，极大地缩短信息在通讯线路中滞留的时间，信息可以在极短的时间中完成交换，进而极大地加速世界的变化，人类由此进入信息社会新阶段。

在《预测与前提》中，美国学者阿尔温·托夫勒（Alvin Toffle）指出，随着信息文明的到来，知识生产的速度加快，科技进步速度因此也加快；并且，社会分工复杂程度提高，导致社会的异质性和专门程度进一步提高，社会每时每刻都在快速变化；快速变化本身又产生大量信息，反过来刺激信息技术和信息爆炸，最终结果便是社会不断被加速。按照托夫勒的观点，信息社会变化太快，人们要跟上变化节奏就不得不跑步前进，尤其是信息、知识和技术加速翻新，劳动者不光要上班，还得挤出时间接受新观点，学习新技能，当然更加忙碌。

进一步分析，加速现象的确在人类文明史上一直存在。在《圣经》中，人类始祖亚当和夏娃本来在伊甸园中过着悠然自得的生活，后来因偷吃禁果被逐出伊甸园，从此不得不辛苦劳作才得温饱，还要在颠沛流离中终日焦虑。1543年，自从天文学家哥白尼的《天体运行论》诞生之后，现代科学加速发展的情形很明显，这在科学计量学上有很多数据可以证明。尤其到了20世纪下半叶，"大科学"取代"小科学"，科学家人数、科技期刊数量、论文数量以及国家投入科研事业的经费，均呈现指数级增长的趋势。可见，加速是人类文明发展的大趋势。但是加速现象出现，并不等于加速社会出现，只有加速现象普遍化，速度达至某个阈值，并成为某个社会运行的基础性因素，才能说加速社会到来了。显然，这个节点很难无争议地被确定下来。

不过，确实是最近几十年信息社会到来之后，加速话题引起了社会足够的关注，有影响的加速主义理论才不断出现。也许，这反过来证明：到了信息社会，加速达到了某种人们不能忽视的阈值，信息社会才因此被称为加速社会。一些人甚至认为，加速性是信息社会才有的本质特征，信息社会必定是加速社会。在信息社会和智能社会中，技术、经济、军事、政治和文化一体化融合，推动社会加速发展。反过来，信息社会和智能社会只能不断加速，无法停滞下来。因为一旦停滞，整个系统会有全面崩盘之虞。比如，智能手机一定要不断进行技术升级，才能保证相关产业生存下去，否则就会失去市场和利润。

各种加速主义理论均离不开对ICT技术和AI技术的讨论，都将"当代技术在加速发展"的判断作为理论基础，然后将之进一步引申、丰富和体系化。技术加速尤其是信息技术、智能技术加速，是我们讨论当代加速现象不可或缺的组成要素。比如，劳动场所采用 AI 监控、打卡以及以信息技术为基础的各种量化考核，都与各行各业的焦虑、内卷脱不了关系。

但是，如何判断当代技术是否正在加速发展呢？显然，这又是一个很难解决的问题。比如，每一种技术创新的颠覆性并不相同，不能简单加总数量来计算技术的发展速度。一项颠覆性技术等于多少平庸的技术创新，很难有个令人满意的换算办法。所以，技术是否加速发展，实际上存在着争论，最著名的言论当属人类学家大卫·伯雷格（David Graeber）的减速主义言论。在回顾了20 世纪 50 年代技术专家对未来科技发展的预测之后，伯雷格发现，他们曾许诺的新科技大发展，如使用飞行器出行等，大多数直到今天都没有实现。因此，他认为，自 1970 年代以来，世界技术创新并没有加速，相反大大地放缓了。在他看来，现在各种各样关于加速的鼓吹，实际上是资本和媒体所制造出来的幻觉，将令人失望的东西"装扮"成令人兴奋的新东西。如果 ICT 技术加速社会进步，那么为什么计算机和机器人并没有减轻人们的劳动？伯雷格的回答是：因为符合市场需求、能造福多数人的技术创新远远不够，大发展的是极小部分有利于监视、纪律和社会控制的权力技术。

多数人将"当代技术在加速发展"视为当然结论的一个重要原因是他们被技术决定论所俘虏。大致来说，技术决定论的基本立场是：技术决定社会发展的基本方向和趋势。在加速问题上，技术决定论者相信，技术加速决定社会加速。如果我们明显感到社会加速，就可以肯定技术在加速发展。那么，如何判断社会在加速呢？常见的论据有三种：其一是用情感和直觉做判断，即很多人感觉日常生活和工作学习节奏很快。也许，人天性好逸恶劳，所以此类判断很容易博得大家的同情。其二是用生产力发展做判断，即以肉眼可见的财富膨胀和经济发展为证。第二次世界大战之后，人类社会经历了差不多80年基本和平的好时光，尤其是在一些发展中国家，如中国，经济繁荣、人口增长，人们真切地感受到生产力大发展带来的好处。其三是技术加速与社会加速互为理由的循环论证——技术加速促进社会加速，而社会加速刺激技术加速——武断地认为两者加速是根本不用验证的事实，技术加速与社会加速是相互刺激、相互支持的。比如，加速主义理论家哈尔特穆特·罗萨（Hartmut Rosa）的"加速的自我推动说"认为，加速有三个维度：技术的加速、社会变化的加速和生活节奏的加速，这三个加速领域并非线性关系，而是在相互激发的循环中不断加速。

—— 2 ——

技术加速，解放了时空

技术如何加速？技术加速会对社会造成何种影响？这是技术加速论的两个主要问题，但内容遍及当代社会发展的各个方面。

技术加速最重要的表现是技术创新的加速，即今日技术研发的成果涌现速度越来越快。略微统计重要的技术创新出现的时间，这一点便非常清楚。近来在 ICT 和 AI 技术领域，从物联网、数字孪生、元宇宙、ChatGPT 到 Sora，颠覆性 AI 新产品出现的速度越来越快。技术创新加速，技术新成果在社会中的应用随之加快，进而推动当代社会迅速变迁，最后牵动人们的工作、学习和生活节奏的不断加快。总的来说，对技术应用加速的议论，大家关注比较多的主要是运输加速、信息加速、生产加速、服务加速和管理加速等。其中，管理加速之所以被视为技术加速的一种，是因为越来越多的人接受"社会技术"的概念，即以技术化尤其是数字化、智能化的方法来管理企业和机构。

很容易想到，技术加速改变了人们的时空观。比如，各种计时机器的不断出现，以及国际标准计时方法的推广，时间计量越来越精确，也让人们的生活节奏越来越齐一化，比如到点上下班，到年龄进托儿所、幼儿园。而新的交通工具的出现，大大缩短了旅行和运输的时间，改变了人们对物理空间的感知。比如，越来越多的人考虑远近问题时，习惯用通勤花多少时间来进行衡量，而不是用真实的物理距离来衡量。

对于新科技对人们时空观的冲击效应，法国著名建筑师、哲学家保罗·维利里奥（Paul Virilio）归纳为"三次接近革命"，即运输革命、传播革命和移植革命，显得意味深长：

……在 19 世纪的那场经历了铁路系统、汽车和紧随其后的航空学大发展的运输革命之后，我们在 20 世纪成了第二次革命的见证人，这就是通过电磁波的即时传播功能的运用，以无线电广播和录像进行的传播革命。目前，一些实验室正在秘密地准备着移植革命，不仅仅是肝脏、肾脏、心脏或肺的移植，而且还有着比心脏起搏器更加性能良好的新的刺激物的植入，即将做到的微型发动机的移植，这些微型发动机可以取代某个自然器官的有缺陷的运行，而对于一个完全健康的人来说，它们甚至能借助一些可以远距离即时询问的探测器，改善某个生理系统的生命功能。

也就是说，技术加速使得人与人越来越接近，最终通过移植革命实现某种程度的身体交融。尤其虚拟现实（VR）技术的应用，将万里之遥的东西以虚拟形态"拉到"我们面前，或者让我们以虚拟形态"出现"在远方。在赛博空间和元宇宙中，运动、速度、时间和空间都可以虚拟。比如，电子时间实际是事件时间，如以与某个 NPC（Non-player Character，非玩家角色）相遇为刻度。此时，遥控、"遥在"变得哲学意义很突出，虚拟社会成为"在全世界都远程在场的社会"——你一动不动，全世界会主动"来到"你的身边。

技术加速对人类观念的改变，并不只作用于时空观。维利里奥特别强调"第一宇宙速度"观念的颠覆意义，称之为"解放速度"。"第一宇宙速度"是 7.9km/s，物体绕地飞行成为卫星。"第二宇宙速度"是 11.2km/s，物体脱离地球，绕太阳飞行成为行星。"第三宇宙速度"是 16.7km/s，物体挣脱太阳引力的束缚，飞出太阳系。"解放速度"使物体不再坠落地面，再加速便开始"向上方跌落"，而不是"向下方"的地心坠落。因此，维利里奥认为，"解放速度"是以地球为中心与以宇宙为中心的翻转临界点，物体的速度超过它就不再以地球而是以宇宙为"回归"的中心了。

上下方向颠倒，地理空间中心颠倒，"这种颠倒的眩晕也许使我们不得不改变我们关于风景和人类环境的概念"。以地球为中心暗含着以人类为中心的价值观，以宇宙为中心则对应以非人类为中心的价值观。比如，在环境保护理论中，人类中心主义认为保护环境是为了保护人类，而非人类中心主义认为保护环境是因为自然环境本身自有价值。按照维利里奥的观点，非人类中心主义的产生与人类突破解放速度有关。也就是说，人类突破解放速度，思想观念上以自然的宇宙为中心思考问题，而不再执着于以地球上的人类为中心，从而拥有更宏大的胸怀、格局和视野。

在社会层面，技术加速推动社会变迁加快，整个社会成为加速主义者罗萨所说的"滑溜溜的斜坡"。也就是说，加速社会似乎整个被安放在往下滑动的斜坡或下行的电梯之上，身处其中人人都觉得如果不往前方走、不朝高处攀肯定会"落后""降级""淘汰"。在加速社会中，类似"不进则退""逆水行舟"之类的教谕，被绝大多数人所接受，这与内卷、焦虑、躁郁等心理状态流行紧密相连。于是，人们普遍需要各种"心灵鸡汤""正能量语录"，给自己打气鼓劲，好有足够的意志力面对日趋激烈的社会竞争。

在个体层面，个体身份越来越由代际确定，而非如以前那样跨代际确定。比如，老人为尊在前现代社会非常普遍，在加速社会中则被渐渐抛弃。为什么前现代社会以老人为尊？社会学一般从知识的角度解释，即在知识传播和保存不易、识字率不高的状态下，老人的经验是世俗社会重要的知识传承渠道。在部落时代，是否尊老甚至关系到族群的生死存亡。当出现关系到部落存亡的大事件，比如瘟疫、灾荒等时，曾经经历类似情况并幸存下来的老人之经验非常宝贵。从印刷时代开始，老人的尊贵地位不断下降，因为知识传承方式改变了，人们可以从书本中学习适应社会环境的前辈经验。罗萨指出，加速社会加速变迁，老人和古人不再是年轻人受教育的源头，当代年轻人越来越多地跟同辈人学习。在技术传播中，我们也发现越来越多的"技术反哺"现象，即掌握 AI 新工具的年轻人教老年人如何使用它们。也就是说，"向后看"的知识和经验在加速社会日渐失效，大家越来越需要"向前看"的知识和经验，而当知识不再是概括而是预测时，学习知识在本质上就成为某种适应性活动。

技术加速后的智能社会，由于时空压缩以及各种网上交流新手段，人们交流越来越频繁，生活习惯越来越相似，也越来越懒，越来越宅。按照维利里奥的说法，加速社会流行的"茧式生活"遵循尽量少行动的原则。人们接触的其实是界面所呈现的世界：屏幕是光 - 界面，外卖是物 - 界面。在这样的世界中，远近颠倒：

事实上，加速度的反常现象非常多，并且使人难以应付，特别是它们中的第一个："远的"事物的接近相应地使"近的"事物、朋友、亲人、邻居离远，使得所有近处的人、家庭、工作关系或邻居关系都成为陌生人，甚至是敌人。

　　显然，维利里奥想说的是：真实在世界（数字）在场中消失。对此，他无疑是批判和悲观的。在他看来，电子游民和平台分包带来的不是自由，而是工会失灵、休息与劳动混淆以及工作场所与私人空间的混淆；而人与人之间的无限接近，最后在网上性爱中走向虚无："宁要虚拟的存在，即远者，而不要真实的存在，即近者。"

—— 3 ——
硅谷流行的"有效加速主义"

　　技术加速和加速社会好不好呢？技术乐观主义者叫好，技术悲观主义者绝望，还有一些人则不置可否。技术加速的支持者，以先锋派艺术家、科幻作家和高科技尤其是 ICT、AI 产业的从业者居多。

　　20 世纪初期，很多未来主义艺术家们纷纷为技术加速趋势叫好，希望以自己的艺术活动为技术加速助一臂之力。意大利未来主义创始人菲利波·托马索·马里内蒂（Filippo Tommaso Marinetti）狂热地喜爱速度、科技和暴力，新科技产品在他心中充满魅力。在《未来主义宣言》中，他宣布："宏伟的世界获得一种新的美——速度之美，从而变得丰富多彩。"而在《未来主义建筑宣言》中，建筑师安东尼奥·圣伊里亚（Antonio Sant-Elia）呼吁将混凝土、钢筋和有机玻璃等用作主要建筑材料，将建筑物建造得像机器一样简单、高大和粗犷，体现出人类依靠技术进步征服自然的伟大力量。

技术加速也引起科幻作家的强烈关注。实际上，"加速主义"（accelerationism）一词，最早是由美国科幻作家罗杰·泽拉兹尼（Roger Zelazny）于1960年代在小说《光明王》中提出的。在《光明王》中，从悉达多到弥勒，所谓光明王，不过是肉身不断变幻的某种意志，即加速主义。与压迫人类的众神进行抗争的加速主义者们，坚信要加快技术发展，更快地改变社会，才能最终实现正义。2015年，中文版《光明王》，将加速主义译为"推进主义"：

> 好了，说到推进主义——那是个关于分享的简单教条。它提议要我们这些天庭中人将自己的所有全都赠与那些在知识、力量和物质上低于我们的人。这种慷慨的目的，是将他们的生存状态抬高到同我们自己相似的水平。你看，这样一来，所有人都会像神灵一般了。当然，这样做的问题在于，世界上从此将不再有神，只剩下凡人。我们可以教给他们科学和艺术的知识，可这样便会摧毁他们单纯的信念以及对一个更加美好的明天的希望——因为要摧毁信念或希望，最好的方法莫过于实现它们。

我认为倘若诸神不存在，人类的生活将变得更好。倘若我能将他们全部处理掉，人们便无需再畏惧天庭的愤怒，重新开始拥有很多东西——例如开瓶器和可以用上开瓶器的瓶子。这些可怜的傻子已经被我们压制得太久了。我希望给他们一个机会，让他们自由，让他们能够建造出自己想要的东西。

也就是说，小说中的诸神掌握了高科技，用它压迫凡人。在《光明王》中，作为最后一个加速主义者，佛陀为向凡人分享高科技成果，不惜对整个天庭开战。他的伙伴来来去去，包括罗刹、死神还有被佛教说服的凡人。每当凡人科技有些突破，比如发明蒸汽机、印刷机、显微镜和望远镜，梵天们就会捣乱，从极乐至善城降下人间，破坏、阻止和毁灭新科技的进一步发展。

当然，也有不少科幻作家，对于加速主义并不看好，但无论如何，从某种意义上说，当代科幻文艺对未来的想象，大多数是对技术加速之后世界的想象，只是有些人呼唤它的到来，有些人对它又忧又惧。加速主义者史蒂夫·夏维罗（Steven Shaviro）甚至认为，"我们可以说，科幻小说是一种卓越的加速主义艺术，本质上是一种加速主义"。

20世纪与21世纪之交，信息社会开始向智能社会进化，有效利他（effective altruism）思潮在硅谷高科技圈子大受欢迎，并扩散成一波技术加速运动。有效利他主义者认为，当前世界面临诸多全球性问题，必须以科技和理性的方式加以解决。其中最关键的问题在于，人们应该以最有效的方式利用所拥有的资源，为全人类谋福祉，如预防大流行病和核扩散、减轻环境污染、将人类送往外星球等。

有效利他运动主要以慈善活动为主要实施方式。与之不同，最近几年开始流行的有效加速主义（effective accelerationism，e/acc）思潮，强调所有人加入和促进技术加速的进程。有效加速主义在包括马斯克在内的 AI 圈子中拥趸颇多。在以往的加速主义主张之外，e/acc 融入最新科技进展尤其是 AI 前沿以及赛博格（Cyborg）等超人类主义因素，丰富了加速主义内涵，使之更为科学和时髦。

2022 年 5 月，网上开始流传《关于 e/acc 原则和教义的说明》（*Notes on e/acc Principles and Tenets*）一文，宣称 e/acc 的基础是热力学第二定律。按照热力学第二定律，宇宙不断膨胀和优化，人类社会亦是如此。在人类社会的发展过程中，技术发挥了关键作用，主导着人类社会的演化，引导它向"AI 奇点"——通用 AI 大爆炸，出现意识，成为超级 AI——跃进。因此，应该尽全力促进技术加速，而任何试图控制技术力量的努力，都阻碍真理前进，必须要全部取消。

简而言之，e/acc 主张不顾一切发展技术，人类福祉不应该成为控制 AI 发展的理由，人类必须主动适应技术发展，即使最终机器人、赛博格取代人类主导地球。显然，e/acc 是一种乐观技术决定论，带有狂热的技术乌托邦的色彩。

面对很多人质疑 AI 尤其是通用人工智能（Artificial General Intelligence，AGI）发展，e/acc 力主 AI 发展不可阻挡，AI 潜在风险可以控制，能够普惠所有人，而不应被掌握在少数人和公司手中。因此，很多有效加速主义者主张无偿开源 AI 科技。还有些 e/acc 支持者建议，用"AI 对齐"（AI alignment）——通过技术方法让 AI 的行动符合人类的价值规范——来对 AI 系统行为进行引导，使之符合人类意图。但是，由于人类价值观非常复杂，目标系统指标多样，人与人之间的价值诉求差异很大，价值目标很难进行精确表示，而且 AI 对齐可能出现意料之外的后果，因此很多人并不看好 AI 对齐。于是，一些有效加速主义者提出，可以用超级 AI 系统（Superintelligent AI System）进行 AI 对齐。这种思路的问题是超级 AI 系统本身也需要对齐。

另外，有些加速主义者还提出防御加速主义（defensive/decentralized/democratic accelerationism,d/acc），主张以去中心化、民主化的防御性机制处理 AI 对齐问题。也就是说，让更多人参与 AI 对齐，用民主方式判定 AI 行为，同时针对 AI 潜在风险建构更多防御壁垒，预防对齐失败可能导致的灾难性后果。相比于 e/acc，似乎 d/acc 更为稳妥一些。

—— 4 ——

速度太快，让人倦怠

实际上，小说《光明王》中三个月亮的世界，很可能是新科技制造的极端敌托邦，即残酷的科技等级统治。那些神明或原祖，将往世人类的智慧结晶变成残酷统治的利器，类似早期英国殖民者对待热带雨林中的土著人。此时，加速主义便成为革命者。光明王的加速主义与今日之有效加速主义在气质上一样：相信不顾一切发展和传播新科技，人类就会有美好未来。但是《光明王》中的悉达多没有细想：原祖世界可能正是加速主义的结果，而不是加速主义的原因。而可以拯救人类世界的，只有人自己，而不是纯粹的技术进步。基于类似的认识，很多人文知识分子对技术加速持批判态度，反对把未来寄希望于技术发展，主张人类要将命运掌握在自己手里。他们常常将技术加速作为背景，阐发某种宏大的解放叙事，比如为自由而战、解放全人类，将技术发展不受控制视为某些，甚至全部人类灾难的根源。

技术加速对当代政治活动的改变是政治加速主义者关注的核心问题，他们尤其聚焦于技术加速与资本主义的关系。加速的技术究竟有利于既有资本主义制度，还是会颠覆它呢？政治左翼加速主义者认为，随着技术解放力量的不断释放，资本主义社会被后资本主义社会替代成为可能，因此政治左翼要拥抱技术加速。比如，著名的《加速主义政治宣言》主张通过技术加速埋葬资本主义，如此可以"跑步进入"资本主义之后的新社会；而政治右翼加速主义者认为，技术加速发展，推动资本主义创新发展，使之更有能力应对危机，从而增强资本主义制度和秩序的力量，因此政治右翼也要拥抱技术加速。比如，英国哲学家尼克·兰德（Nick Land）放弃左翼斗争观念，认为应该在资本逻辑中加速技术发展，因为资本主义一直被政治阻碍没有完全释放潜能。不过，兰德相信技术加速最终会冲向不可避免的人类灾难终局，因为潜能释放后很可能一发不可收拾。有意思的是，很多左翼、右翼的政治加速主义者均欢迎硅谷的 e/acc，并对自己的社会预测 AI 运算中的目标设定，必须符合人类的价值目标和价值观念，即必须进行 AI 对齐非常有信心。当然，也有少数中间派认为，技术加速与资本主义的关系还无法断定，加速主义是利用技术加速改善政治的努力，结果是不可预料的。这或许是一种更审慎的立场。

维利里奥彻底将加速主义变成资本主义批评理论。在他看来，资本主义从根本上就是竞速政治："事实上，从来就没有工业革命，有的只是竞速政治的革命；从来就没有民主政体，有的只是竞速政体；从来就没有战略，有的只是竞速学。"即使彼时新兴、今日到处被痛骂的新自由主义，也是竞速政治的变体："经济上的自由主义只是一种按穿透速度来排序的自由多元主义。"资本主义的弱肉强食最终都表现为各式各样的速度比拼，新自由主义更是以自由的名义将之合理化、体系化，在其中，人们根本不可能得到喘息。

在资本主义社会中，技术加速在战争时期导致屠杀，在和平时期则是满足人类的贪婪。这种观点在两次世界大战之后，被越来越多人所接受。维利里奥认为，战争是速度的竞争，因为竞速是战争取胜的根本。先于敌人到达战场，射速射程领先敌方，预先获知所需情报，等等，制胜就有了把握。如何去竞速呢？维利里奥给出的是技术决定论的结论，即依赖于军事科技的发展——

更精确地说，他是军事科技决定论者，即相信军事科技高低决定国家和民族的命运。反过来，他也认为，军事竞速需要推动现代科技的发展，军事逻辑在和平时期的扩散，转变成整个社会对新科技发展的强调。事实上，最先进的高精尖科技研发往往得到军方的赞助，而取得的成果总是首先在新武器上使用。

由此，维利里奥将军事竞速泛化为一般竞速政治，以此将竞速批判转变为更宏大的资本主义批判。竞速不仅仅是军事逻辑，它还是资本主义运行的基本逻辑。在和平时代，竞速依然适用，尤其在城市规划、建筑布置——维利里奥是建筑师出身——和时间—空间治理中。因此，资本主义是竞速学，是杀人术，是技治术。资本主义不讲和平，战争永不停歇，现代都市是施行竞速逻辑的权力规训（／建设）战场，现代科技是执行竞速逻辑的权力规训（／破坏）战术。

维利里奥进一步指出，在竞速政治下，个体的人患上各种官能症。比如"失实幻觉症"，即虚拟技术、远程即时通讯技术等导致人的时间经验错乱；比如"失神症"，即各种视觉机器导致人的注意力消退，精神无法集中。总之，竞速政治让权力控制越来越严厉，个人自由和生存空间越来越少。

关于技术加速对当代人的戕害，引起许多思想家如韩炳哲的共鸣。德籍韩裔哲学家韩炳哲对加速社会非常反感，将加速视为当代社会成为倦怠社会的根本原因。当代社会生活节奏加快，学习和工作都很繁忙，竞争日趋激烈，搞得大家精神非常紧张。原因何在？在韩炳哲看来，根本原因在于大家成为自我剥削的功绩主体："功绩主体是一种只会劳动的动物，在没有任何外力压迫的情况下，完全自愿地剥削自我。"此时，不是来自外界的否定性暴力，而是来自于自己的肯定性暴力，"即对自身施加暴力，同自身发动战争"。一句话，加速社会中的人不是被社会规训，而是自我驯化。也就是说，人们普遍自己给自己打气鼓劲，自愿加入每天挣钱、消费和出人头地的消费主义洪流之中。由此，加速社会不再是规训社会，而是功绩社会。在功绩社会中，人人踊跃表达，争先恐后地工作。韩炳哲认为，功绩主体只是积极地活着，并非真正地生活。或者说，大家都像猪一样活着。但是，长期亢奋不可维持，由于功绩主体太过于积极，集中不了注意力，最终结局总是心灵燃尽，患上韩炳哲所谓"倦怠综合征"，觉得干什么都没意思。

　　韩炳哲还批评信息技术加速使得个体隐私被瓦解，让当代社会变成透明社会："透明社会是信息社会。当信息缺乏否定性，那么它就是一种透明的现象。它是一种被肯定化、可操作化了的语言。"追求信息越多越好、越快越好，结果大家都成了没有私人空间的"透明人"。这有什么不好吗？韩炳哲认为："如今，人们为了获得肯定性，不断消除否定性，否定社会让位于肯定社会。因此，透明社会首先就表现为一个肯定社会。"在肯定社会中，一切都变得同质化，所有人失去个性，变得和机器一样。这个很好理解：生活透明了，大家都按照同一个标准行动，完全一模一样、整齐划一。并且，万物都变成商品，在不断的展示中获得价值，连原始欲望也因为透明而被消解。透明社会一切都被加速，思考被计算所取代："与'计算'相反，'思考'不是自我透明的。"在透明社会中，社交媒体摧毁了公共领域，让公众完全失去批判意识。表面上众声喧哗，实际上都是鹦鹉学舌。

通过技术加速审视当代文明现状，法国技术哲学家贝尔纳·斯蒂格勒（Bernard Stiegler）认为是技术导致人类文明迷失方向。在斯蒂格勒看来，"现代技术的特殊性从本质上说就在于它的进化速度"，即它本质上是加速的。他认为，由于人依附于技术并与技术并存，可以说人的本质是技术性的，而这种技术性就是时间性，因为动物世界没有时间，动物只存活于当下，而人可以通过技术进行记忆——如绘画（斯蒂格勒将艺术视为一种高级的技术形式）、照片、磁带等——而延展至过去和未来。于是，技术加速意味着人 - 技术的协同进化是加速的，因此技术世界的加速是本质性的，是不可避免的。进一步地，由于技术是不确定的，如果社会体制不能与技术加速相协调，历史主义盛行，社会体制抵制技术发展，此即斯蒂格勒所谓"迷失方向"。简单地说，就是技术发展太快与社会的关系总是很别扭。

—— 5 ——

结语：审度

人类文明在加速，这大约是使智人站在地球食物链顶端的重要原因。相对于其他物种，人类利用新科技快速提高着物种适应性。当然，这种适应性不完全是生物适应性，更是身体－技术适应性，即身体与技术作为一个整体适应环境。

在适应性提高的同时，加速发展出现了很多问题。作家米切尔·恩德（Michael Ende）写道："我们省下越多的时间，我们所拥有的时间就越少。"技术加速本可以成为解放人类的伟大力量，结果却在现实中增加了很多人的痛苦。但是没有新科技的发展，没有工业文明，我们如何能活到人均寿命七八十岁，如何能养活八十亿人口，如何满世界转悠、大谈什么实现人生价值呢？在人类历史的多数时间中，吃饱、穿暖、活着是大多数人人生的主要，甚至唯一任务。因此，技术加速的功绩不能完全抹杀，它不仅是杀人术，更是活人术。

因此，加速研究不能一味批判，也不能一味辩护，最好"从辩护、批判到审度"，从具体语境研究技术加速的社会冲击，寻找可操作的改良和应对之策。什么速度是合适的？当下是否太快？各种负面的加速症候如何解决？这些均要详加研究，妥善应对。

更为重要的是，加速研究要摆脱技术决定论的桎梏。技术发展对于社会进步非常重要，但技术决定论夸大了技术的作用。按照马克思主义基本原理，经济基础决定上层建筑，生产力决定生产关系，推动社会不断发展。诚然科学技术是生产力的重要组成部分，但是生产力包括劳动者、劳动资料和劳动对象三要素，它们共同构成生产力的基础，其中劳动者是生产力中最活跃的因素。

换言之，人的因素比科学技术更能推动社会的发展。在技术加速问题上，技术决定论至少有两个错误：一是认为技术加速必然导致社会加速，二是因此将当代社会日益紧张的原因归结到新科技尤其是 AI 技术上。AI 技术在当代社会与社会加速有关，但这与既有社会制度和生产关系有关，并不能单纯地归责于 AI 技术。通过制度创新和生产关系调整，AI 技术加速能够让人们变得日益休闲，而不是忙碌不堪。

第 4 章

———

新人类

智能革命呼唤编辑智人的基因？

20 世纪与 21 世纪之交，生物工程和人类增强技术迅猛推进，新科技的伟力不仅昭示于自然改造中，还深入到对智人的改造中。一些人将"完美智人梦想"实现的希望寄托于智能革命中兴起的会聚技术之上，将我所说的"自觉的身心设计"提上议程。

众所周知，历史上类似的尝试，如优生学，曾被烙上种族歧视的烙印，甚至被异化为恐怖的纳粹雅利安优越论，因而在 20 世纪变得声名狼藉。但是，智能革命兴起后，一些人结合 AI 发展，给出了支持身心设计的新理由，还有一些人认为不能将之"一棍子打死"，要求重新审视优生学。智人的身体与灵魂可否用新科技改造，应不应该用新科技改造？在未来智能社会中，身心设计基本是不可避免的。但在大规模的身心设计实施之前，必须结合 AI 时代的实际情况，对身心设计的合理性进行论证。

—— 1 ——
选育"良人"，持续争议

虽然一直面对巨大的争议，但当代人类学研究日益证明：改造人族的身体，提升人族的灵魂，始终是人类社会持续关注的议题。人类学家理查德·兰厄姆（Richard Wrangham）认为，智人的攻击性行为一直在减少，这与人类在二三十万年前开始的自我驯化过程有关。人在驯化猫狗猪牛等的同时，也在驯化人自身，并且采取的原理差不多。比如，杀死那些暴虐不合作的个体，或者不让它们繁衍后代。与家养动物的驯化一样，人类的自我驯化能够找到类似的解剖学特征，比如耳朵耷拉、脑容量减少等。

有文字以来的历史表明，智人主动的人种选育行为一直延续至今，比如避免和遗弃残疾、阻止有遗传病的人和精神病人生育以及杀婴等。此类选育活动的目标，大多是为了繁衍优良后代，减少或者避免劣质后代的出生。也有一些完全是出于文化上的理由，比如中国传统社会男尊女卑的观念导致溺杀女婴的情况很常见，古埃及法老王室为了保持血统纯正，实行近亲结合如兄妹通婚、父女通婚等，而20世纪纳粹对犹太人实行的种族灭绝，则是此类优生学改造走到极端的疯狂案例。

在人的精神提升方面，人类历史上采取的主要是各种温和的人文宣教活动，比如与智人差不多久远的宗教活动，现代以来建制化的识字与教育活动，以及自20世纪开始的大规模展开的意识形态宣传活动等，均依照类似的逻辑进行。中国古代文论讲究的"文以载道"，从某种意义上说，也可以理解为以文学方式进行的精神教化活动。实际上，在漫长的人类文明史上，智人的精神提升活动一直居于国家治理的中心位置。

但是在很多人看来，人文宣教活动的成效并不明显，尤其是很难说智人今日的心灵状况要优于古人。在法国哲学家卢梭等人看来，原始人才是高贵而纯洁的，而今人既贪婪又堕落。卢梭甚至认为，是科学和艺术挑起了人的欲望，败坏了人的道德。于是，一些人如科幻小说鼻祖威尔斯提出，可以考虑用自然科学方法来提升人类心灵改造的效果。

总的来说，历史上发生过的对人类自身的改造活动，基本属于群体性选育活动，针对的是对整个人群性状的提升，但是并不能精确控制每个人的改造过程。随着生物工程、基因工程和人类增强技术的出现并会聚于智能平台之上，基于新科技的身心设计工程被提上了日程，其目标是试图达到精准控制个体的生物性状。比如对胎儿进行唐氏筛查，对人类受精卵进行基因编辑等，通过这些技术手段便可以获得精准的改造和提升效果。也就是说，与身心选育相比，身心设计更为积极主动。也因此，身心设计成了当代智人自我改造的新形式，其最大的特点是作用对象从"人口"（一个群体性概念）深入到"个体"。

很多人相信，在 AI 时代，运用多种新科技手段的"能动者（agent）改造"工作，很快会或已经沿着不同的思路展开。比如，用技术方法改善个体道德水平的人性进步思路，用技术方法调节个体心理状态的情绪管理思路，用技术方法来控制个体行为的行为控制思路，用技术方法增强能动者的身体和智力的人类增强思路，以及用技术方法塑造协作、利他和高效社区的群体调节思路，等等。在他们看来，能动者改造工作利大于弊，值得人类进行尝试。

显然，身心设计的目标是"更好的智人"。可是，什么样的人才是更好的智人呢？在智能社会中，按照"科学人"的主流观念，"更好的状态"主要意味着能帮助社会提高效率，所以，更好的智人在身心两方面都应有利于社会效率的提高。

在身体方面，更高、更快、更强、更聪明的肉体，可以为提高劳动效率奠定坚实的基础。与地球上的其他动物相比，人类的身体能力并不突出，既不能像老鹰一样高高翱翔，也不能像猎豹一样飞速奔跑，更重要的是，智人的肉身能存活的环境过于狭窄：在沙漠中暴晒不了几天便会昏倒，徒手潜水的深度极限只有一百米左右。如果智人想在未来成为星际种族，能长期在太空中航行，就需要更强壮的肉身。

在心灵方面，为了整个族群更有竞争力，也需要对智人的精神状态进行有目的的改造提升。显然，个人效率与社会效率不尽一致。比如人与人之间竞争、紧张和敌对的状态，也许对某个人的效率提升有利，但却有损于整体效率的提升。所以，要追求更高的社会效率，就要提倡某一类道德准则，尤其是提出与合作、集体主义、善良等相关的要求。更高的社会效率呼唤人类行为遵循此类道德的新人。

—— 2 ——

依据科学重新理解人

21 世纪 20 年代，智能革命方兴未艾，身心设计受到越来越多的欢迎。为什么？新的观念尤其是"科学人"的崛起，给从"身心选育"到"身心设计"的思想转变提供了重要的支持性理由，让今天的人们更容易接受大规模的身心设计活动。

随着技治社会向智能社会迈进，信息、数据、知识、智慧与智能之间的界限变得模糊，很快，机器智能便不再匮乏。由此，智慧也会被机器智能拉平，不再高高在上，难以触摸。智能像大棚一样覆盖在地球上，到处都是，使地球成了名副其实的"智慧星球"。很多根深蒂固的旧观念，比如意识与物质、机器与人、知识与无知等二元对立的思想开始逐渐消解。

如果机器也有智能，人与机器的差别便不会那么大，而将人视为特殊的智能机器，也不是不可以。反过来，机器人可以被视为某种特殊的"人"。据此，有人提出要人道地对待机器人，因为它们有意识，所以有"机器人权利"。如果说新科技改变了物理世界，那么智能革命对"人"的观念的冲击和改变与之相比，也许有过之而无不及。

以前，我们一般认为只有人是主体，现在机器人有了智能，它是不是新的主体呢？答案也许是肯定的，但反过来，机器人如果是新的主体，那么关于对主体的理解就需要重新修订。总之，研究人有助于发展机器人，研究机器人反过来也有助于理解人。

那么，什么是人呢？对此，今天的人们不再信服哲学、文学、宗教、神话、巫术乃至迷信的解释，他们越来越多地求助于新科技对智人研究的新成果。也就是说，由新科技成果勾勒的人的形象，逐渐成为人之为人的主流意见。此时，人类的行为与情感被还原为物理、化学和生物参数，将人性的瑕疵视为正常的演化缺陷。譬如，爱情根本不是源于苔丝的纯情或卡门的疯狂，而是人体某些化学物质，如多巴胺、内啡肽的分泌。

如今，自我量化技术——比如用手机监测每日步数、家庭自备血压计测血压等——越来越多，越来越流行。随着人们慢慢适应类似做法，"所有人都应该被测量、控制和改造"这种观念会逐渐深入人心。人要先测量，然后再治理。未来，"科学人"可治理、待治理、必须治理可能会被视为人的根本规定性。也就是说，在智能社会中，自然之技治不能容忍荒野，主体之技治不能容忍野蛮。

很多时候，智人的改造表现为自我改造，比如自愿控制体重、身材等。相应地，各种精致的行为主义、自然决定论、环境决定论、基因决定论日益盛行，对智人的行为、思想、文化和命运予以某种自然主义的解释。他们坚信环境变量与人类行为之间存在函数关系：如果环境参数发生变化，人的行为就会发生相应的变化，人人都一样。而灵魂、心灵、意志等概念只是多余的形而上学"阑尾"，迟早会得到科学的解释，而不需求助于形形色色的神话、迷信和传说的解释。有的神话故事说：人是泥土造的，神朝泥人吹了一口真气，人才有了灵魂，才知了善恶。对此，"科学人"会嗤之以鼻。

关于机器人，未来的"科学人"也许会相信：人形机器挺好的，纯洁而无辜，相反，人类却有一颗被玷污的蒙尘之心。说人像机器一样，将不再是讽刺，而可能成为一种理想。韩国科幻剧《人类灭亡报告书》中有个情节，说的是寺庙中的机器人先于和尚得道涅槃，和尚们得向它请教问题。

我是谁？我从哪里来？我往哪里去？一直是智人自诞生起就心心念念的根本性问题，催生了人类的哲学之思。随着身心设计有朝一日被大规模地展开，实验室逻辑从自然扩展到人类社会，整个智能社会迟早成为人性改造的巨大实验室。当身心设计进行到某种程度，"科学人"很可能完全被"瓦肯人"——完全被科学改造后诞生的理性人——所取代。然而，"科学人"还并不是真正的新人，而是信奉新人观的旧人。

现在的问题是：大规模的身心设计，是否会随着智能革命开始？一些人认为，智能社会的推进至少给出了三个相互联系的支持身心设计的理由：1）从AI辅助生存社会走向AI替代劳动社会，智能社会中的智人正在成为"无用之人"；2）AI不断"进化"，加剧了智人身心的退化；3）未来在与硅基生命的竞争中，作为碳基生命的智人处于明显的劣势。在支持者看来，以上三个问题要彻底解决，必须实施建制化的身心设计工程。

—— 3 ——

失去岗位，成为无用之人

每一个重要的AI产品发布，就会有媒体讨论它可能导致哪些人失业。比如 Sora 的发布，使影视、编导、短视频制作等相关从业人员感到自己的工作岌岌可危，随时可能被 AI 取代。在好莱坞，已经出现多次演艺产业从业者反对 AI 的抗议活动。AI 的应用当然可以创造出新的就业岗位，但也可能导致职场人失业的风险，因为 AI 技术就其根本目标而言，是要开发出能模拟人类智能或与人类智能相似的机器智能，这也就意味着它能够胜任甚至取代人类的工作，由此便引发了"AI 失业问题"。

从劳动与就业的角度看，智能社会是机器人劳动社会，在上面已经提及的、今天初步开始的机器人劳动社会的发展很快会经过 AI 辅助生存社会和 AI 替代劳动社会两个阶段，并最终完全成为机器人劳动社会。

ChatGPT、Sora 等 GAI（生成式人工智能）工具的兴起，标志着智能社会开始进入 AI 辅助生存社会的新阶段，也就是说，人类很快就将存在于 AI 辅助生存的环境中。在 AI 辅助生存社会中，人类的生活、学习和工作都将在 AI 的帮助之下完成。比如，文案策划工作会先交给 AI 完成初稿，接着由劳动者进行调整、润色和提高；想要旅游的人出门之前会让 AI 规划几套游玩攻略，然后综合选择制定最终的出游方案；学习者能够使用 AI 的地方更多，可能还会人手配备专属的 AI 教师，以响应个性化的学习需求……显然，在既有经济制度之下，AI 辅助生存日益流行会减少很多劳动岗位的用工需求，进一步激化 AI 失业问题，出现人机劳动竞争日益严重的局面。

在 AI 辅助生存社会中，智人与 AI 的劳动竞争加剧，不能在能力方面胜过 AI 的人会怀疑自己是不是"无用之人"。接下来，也许不需要一百年时间，机器人便能取代人类所有的体力劳动和绝大部分的脑力劳动。彼时，如果机器人全力开动，完全可以将科技生产力提升到今天人们难以想象的高度。于是，智能社会进入 AI 替代劳动社会，理论上，基本不需要人类进行劳动。

"无用之人"的观点建立在人类失去工作便是无用之人的基础之上，也就是说，一旦对他人、对社会做贡献的主要途径被关闭了，人就成了无用之人。为什么人类会失去工作呢？因为与 AI 相比，智人的劳动能力太低了，因此必须对智人进行深度的、科学的改造，使之在与 AI 的劳动竞争中占据优势。否则，无用之人会越来越颓废，最终失去人生价值，走向种族萎缩，甚至灭绝的境地。

那么，AI 替代劳动之后，人类是不是真的变成了无用之人？显然，在很大程度上，类似观点是将人类的人生意义唯一地系于工作之上，即唯有工作的人才有价值。工作当然重要，但要将它作为意义的唯一源泉肯定是不合理的。

什么是有用？什么是无用？关键看在用何种价值观念作为衡量标准。比如，中国中小学校基础数学的教育以解题为目标，考试考高分便是有用。但是，如此的数学教育既不注重培养学生的数学思维，也不注重培养学生的创新思维，结果就使国内学校的毕业生得菲尔茨奖的很少。虽然提高数学思维和创新思维，不见得能考高分，但是这对数学研究却能起决定性作用。

可以预见，随着机器人劳动社会深入发展，人们对什么是效率和有用的观念会逐渐发生变化，劳动本身也会发生天翻地覆的变化。比如，那时将很难区分劳动与娱乐。实际上，今天在电子游戏行业，娱乐与劳动就已经在融合。很多人在网上陪练游戏，或者通过在游戏中挣"金币"换取真实的实物商品，可以说是"边玩边挣钱"。

当然，无论如何，AI失业问题会一直困扰机器人劳动社会，如何能处理好该问题，将成为智能社会能否继续进步的先决条件之一。在《销声匿迹》一书中，人类学家玛丽·L.格雷（Mary L. Gray）注意到近年来AI应用催生了许多解决"自动化的最后一英里悖论"的零工岗位，比如通过网络平台提供远程的外包或众包工作等。"最后一英里"常常用来指"自动化生产与真正的产品落地之间永远存在着的一段差距"，而"自动化的最大悖论在于使人类免于劳动的愿望总是给人类带来新的任务"。

的确，当前AI在导致失业的同时，也在催生一些工作岗位，比如图片标注。首先，AI创造工作岗位的数量与造成失业的人口的数量相比并不相当；其次，从长远来看，"自动化的最后一英里悖论"更可能是暂时情况。机器人被发明出来的根本目标是代替人类劳动，所以只要AI继续发展，"AI失业问题"就不可避免。从AI辅助劳动社会进化到AI替代劳动社会，并不会像一些乐观主义者想象得那么顺利，起码解决AI失业问题将非常棘手。

理论上说，解决"AI失业问题"必须同时考虑远景和现实两方面。从远景来看，"AI 失业问题"仅靠智能技术和智能治理是不能解决的，它牵涉人类社会制度的根本性变革。机器人能够取代人类劳动并不等于实际取代人类劳动，因为此种取代意味着要取消少数人凭借制度安排强迫大多数人进行劳动的剥削制度。前面已提到智能社会最终可能要走向数字共产主义、AI 共产主义，今天采用的基本社会制度和那时相比，会发生天翻地覆的变化。从本质上说，解决"AI 失业问题"必须不断减少劳动者的工作时间，给人们提供更多的闲暇时光，直到彻底消灭剥削制度。20 世纪的劳动史表明：现代科技在生产中的运用，持续减少着社会必要总劳动时间，"八小时工作制"和"双休制"被越来越多国家所实施。随着越来越多的机器人投入使用，当然可以实现一周工作 4 天甚至更少。

从现实来看，社会制度的变革需要很长的时间，必须逐步稳妥地推进，而且也要等待智能技术不断发展成熟，所以当务之急是给受到 AI 冲击的劳动者找到新的工作岗位，保证他们能享受科技进步创造的新科技红利。比如，想方设法为因 AI 而失业的劳动者安排再就业，为他们学习新劳动技能，尤其是熟悉 AI 工具提供资金补贴，为他们发放再就业期间的失业保险等。就 AI 研发和应用推广本身而言，也需要把握节奏、全局统筹，有序而非盲目地推进，逐步妥善解决 AI 失业问题。

—— 4 ——

AI 进化，智人退化

AI 的发展可能产生大量的"无用之人"，也与人的退化问题相连。生物的进化或退化，是结构—功能主义意义上的，即按照多数人的理解，进化意味着适应性的功能增强和效率增加，但功能与效率的适应性是含混的人类主义观点。相比于克罗马农人出现之初，今日智人的适应性增加了吗？与在地球上生存了数十亿年的病毒相比，赤裸的人类显然适应性要差很多。原子弹爆炸虽然能够摧毁人类城市，但是不可能灭绝地下的老鼠、蚯蚓和蟑螂，所以，它们的适应能力比智人要强。

不过，人类创造了技术物，在技术物的辅助之下，技术—人的适应性急速增加。更为关键的是：技术—人不光被动地适应，还创造性地适应，即在严酷的自然中创造宜居的场所。比如，建造末日地堡可以应对核大战的爆发；制造病毒疫苗在一定程度上可免除病毒的威胁。也就是说，智人进化的重点在于技术诞生之后，人类从生物适应性转向技术适应性。

按照一些人的说法，技术—人在发明了技术之后，人就停止了进化，转向作为人的器官的技术进化。技术进化同时伴随着人的退化，不仅是肉体退化，也包括精神退化。在文字出现之后，智人的记忆力和口传时代相比就有了下降；当电脑出现之后，越来越多的人提笔忘字。回顾数万年现代智人的演化史，顽强的生命冲动是智人繁荣的生物学—文化学基础，但在今天看起来，这种生命冲动似乎正在减弱。

人类要不要繁衍下去？在疲于内卷而不婚、不育、不爱者看来，这不必然成为一个疑问。因此，新科技提出了各种辅助生殖乃至"人造子宫"之类的解决方案。虽然种族延续的重任不能还原为单独的个体责任，也不能将人类繁衍作为某种道德责任，但是，这种风尚的兴起和蔓延，难道不是某种意义上的精神退化的兆头？在苍茫宇宙中，人类必定是阶段性的演化物，这并非是因此站在上帝视角看问题的借口。

不管怎样，事实上，"无用之人"与人的退化问题并不等同，因为"无用"讲的是作为功能的人之无用。如果仅凭成为"无用之人"这一威胁就让我们退缩、泄气和无所作为，那才是人类真正的退化。不过，它仍然是一个警醒，提醒我们，人族的信心在消失，我们的肉体和精神在萎缩。所以，我们决不能把所有的赌注都押在机器上。如果硅基生命——机器人如果实现自己制造自己，而它不是有机物而是无机物，就可以成为硅基生命，人类则是有机的碳基生命——真的到来，智人也不能放弃掌控新科技的奋斗，否则，智人就不再是真正的智人。

我们可以生活在 AI 辅助生存的社会，但可能被灭绝在机器人劳动的社会中。在未来五百年，人类应该树立宏大的理想，比如将人类文明散布宇宙，否则可能在双重退化中自我毁灭。一些人认为，要解决智人退化问题，就必须启动大规模的身心设计工程。

当然，也有可能的是，在未来一百年中，超级 AI 还没有到来，大规模的身心设计工程也还未完成，人类就已经在气候变化和核大战中跌下了文明的危崖。

—— 5 ——
硅基兴起，碳基衰落

有些人，如英国科学家詹姆斯·拉伍洛克（James Lorelock）认为，"科学人"自觉的身心设计，很快会输给超级 AI 量子态的电子迭代，而有机生命迟早被电子生命——超级人工智能——所主宰。此类未来观是建立在信息至上的理论基础上的，即信息或信息化是宇宙演化的终极目标，而在物质、能量向信息的转换过程中，宇宙实现自我意识成为某种知性宇宙。

拉伍洛克将生命繁衍类比为程序（可）复制，将生命演化类比为（可）迭代，因此想象超级人工智能可以摆脱智人而自我设计和自我复制，成为新的生命形式，称为电子生命、无机生命或硅基生命。电子生命会主动选择自身的演化方向，纠正演化中的误差，通过计算机迭代的方式迅速进化，无需等待类似人类的缓慢而自然的选择过程，所以是比作为碳基生命的智人更高级的生命形式。

据拉伍洛克预计，人类世之后新星世会到来，电子生命届时将主宰地球，而由于无法理解通过心灵感应沟通的电子生命，人类必定沦落到寄人篱下的处境之中。电子生命的演化进程是不可预料的，它可能会改造地球环境，使地球"死去"、人类灭绝，也可能会离开地球，前往更适宜居住的星球。在电子生命面前，智人将不堪一击。

由于坚持技术控制的选择论——尽全力控制 AI 的发展方向，为此不惜做出必要的牺牲——我和很多人一样不赞同拉伍洛克的观点。现时代的特殊性在于全面技治社会或智能治理社会的开始，而拉伍洛克过早认为新星世即将开始。虽然我们对未来社会发展的定位与认识都和智能革命有关，即相信 AI 的发展将改变人类历史，但是拉伍洛克主张的是非人类中心主义，即"宇宙视角"，提倡站在地球之外，以上帝的眼光审视地球和人类的历史。人族的灭绝不影响宇宙的演化，智人被机器人取代并没有什么大不了的。

把自己想象成上帝，尝试神一样的思考，去站在宇宙中回望智人与机器人的竞争，这不免有一丝滑稽的味道。人类一思考，上帝就发笑；人类假装像神一样思考，上帝会被笑死。为什么人类要放弃种族的延续，而仅仅希望扮演上帝角色呢？

其实，无论未来如何，智人都不应放弃种族延续和掌控新科技发展方向的努力，甚至要为此做出牺牲。所以，这类人类中心与非人类中心的争论实在毫无意义。但还有一个关键问题是：有意进化是否优于自然进化？

首先，自然进化虽然有陷阱，有些物种在演化中失败了，但有意进化同样有高风险。鉴于电子迭代的速度，微小的缺陷也会急速放大，可能在还来不及纠错的时候就产生致命性的灾难。就韧性而言，缓慢地演化未必没有优势。

其次，机器人可以自我设计，智人同样可以进行自觉的身心设计。当然，智人的身心设计活动需待更成熟的条件，尤其是技术准备、观念准备和制度准备，但它已经在酝酿。并且，智人的身心设计可以融合电子迭代的成果，由此，赛博格－瓦肯人会因为保留人类灵魂（比如直觉思维）而获得优势。

因此，智人想在与机器人的竞争中胜出，势必要拥抱自觉的身心设计。对于超级 AI 的出现及其时间点，就我们所了解的情况并不乐观。智人如今还来得及对机器人的发展进行足够的控制，但智人面对的压力并不止于 AI，而主要是地球环境的限制和变化。因此，可以考虑以适当、适度和有限的身心设计应对未来，提升人类在智能社会的适应性。在很长的时间中，AI 迭代会处于人类的控制之下，而且人类可以利用 AI 演化的成果，采取赛博格，即有机智能与无机智能相融合的策略提升自己。

面对人类危崖尤其是生态危机，拉伍洛克认为智人没有能力独自解决，必须依赖电子生命的帮助才能安然度过危崖。多数人并未如此悲观，认为目前智人仍有机会去独立解决。AI 自我设计只是一个假设，而这种设计最终是不是被证明只不过是某种高级的复制，即局限于一个框架中无法达到提升新物种的高度，还没有定论。但是，智人借助技术工具完全可以将自身改造成新的超级物种，比如前述的瓦肯人。

—— 6 ——
结语：争胜

无论如何，智能社会中的新形势、新观念和新问题，使越来越多的人开始严肃地思考大规模身心设计工程的可能性。我们看到，"科学人"的崛起和智能革命的席卷而来，确实给实施身心设计提供了更多理由，但这些理由既非常复杂，也非常含混，更包含着巨大的生存性风险。因此，最终的问题从简单的对身心设计是或否的判断转向了究竟应如何进行。

在与 AI 的进化竞争中，智人未必一定会落败。从根本上说，这是个信心问题，因为智人依靠今天的智慧，对遥远的未来会如何基本只能靠猜测。而在智能社会中，预测与控制事实上是同一过程，也就是说，在落败发生之前，人类难道不能努力做些什么？只要智人不再浑浑噩噩地错失机会，就有争胜的可能性。

第 5 章

————

赛 博 格

人 与 AI 融合，如何避开雷区？

可以预计，未来智能社会的身心设计会继续坚持人体与 AI 融合的路线。比如，通过脑机接口与红外设备相连，可以让人在黑暗中看清目标。此时，智人实际成为人与机器的混合体，即赛博格。综上所述，呼吁身心设计的声音日益响亮，但是赛博格式的身心设计的复杂性和风险性并不会减少。如何用新科技对智人的心灵和身体进行改造呢？显然，没有审慎、周到和可控的实施方案，大规模的身心设计工程无疑风险极高。

— 1 —

人类残暴，必须驯化

很多人认为，进行心灵改造的重点在于祛除智人固有的残暴性。新的研究证据表明，在自然状态中，智人物种与其他物种、生存环境之间一般都保持动态平衡的关系。猎食者不会将猎物赶尽杀绝，草食动物也不会把植被啃食殆尽，而现代智人可能是唯一的例外，他们不在乎自然的平衡。近来的研究发现，病毒繁衍几代之后，毒性一般都大大减弱，可以实现与宿主共存的目标，也不会一味地对宿主赶尽杀绝。因此，现代智人是非常残暴的物种，此即"残暴智人说"，它正在成为智人自我认知的新常识。这一观点主要由古人类学提供证据：一是智人灭绝了其他人种，二是智人大量灭绝过其他物种。

在"残暴智人说"看来，智人自诞生起就开始破坏环境和生态。所以，教科书上记载的原始社会"天人合一"的和谐状况，在人类历史上可能从来没有存在过。越来越多的证据表明，原始人与自然浑然一体的观点其实继承的是卢梭臆造的"高尚原始人"神话。相比"嬉皮猩猩"——倭黑猩猩是人类最亲近的灵长类亲戚，性情温和，积极无私，被称为"嬉皮猩猩"——智人的暴力程度骇人，而且对同类、同种、其他动植物乃至山川河流，无差别地实施暴力性攻击和破坏。大约4万年前，克罗马农人异军突起，在与诸人种的竞争中崛起，灭绝了其他人族兄弟姐妹，如尼安德特人，成为现代智人唯一的祖先。在向全球扩散的过程中，现代智人造成了大型动物的大规模灭绝，如剑齿虎、猛犸象等。1991年，在阿尔卑斯山冰川中发现了被冰封五千多年的"冰人奥茨"。研究证明，他是死于同类的谋杀。因此，很多人认为现代智人的攻击性极强，而且本性贪婪。

虽然"残暴智人说"援引的人类学、生态学研究成果基本可靠，但是因此就将"残暴"加诸智人是某种泛道德的传统判断。"残暴"二字是贬义的，同样的事实亦可以用"进取""勇敢"等褒义词来评价。不管如何进行价值评价，"科学人"都认定人族应该不断扩大生存空间、增加能源利用量等，不应将自己局限于某个阈值，如地球之上。正是因此，很多人才断定人类终归会走出地球、驶入星际。换言之，这个断定是基于对智人本性的根本理解。

当然，"科学人"在未来会拥有新道德，往日旧道德势必完全消亡。但是，在今天仍然强大的旧道德压力下，"残暴智人说"的流行让人们产生某种原罪般的愧疚和自我否定，于是开始支持以身心设计提升人性的新主张，即以科学驯服智人之残暴，极大地提高"科学人"的道德水平。智能社会对智人人性的改造完全不会寄希望于陶渊明式的返璞归真，而是要运用新科技进行对身心的智能治理。

在未来的理想状态下，新人的"人性"将与今日迥然不同，他们无比高尚和完美，心灵纯洁、诚实勇敢、极富创造力、乐于奉献与合作、反对暴力、不喜欢个人竞争、喜欢人与人之间的高效配合等。为了实现这样的愿景，一辈一辈的人类从出生、生活到死亡，很可能要接受持续的人性改造，直至新道德目标最终成为某种生物性状。"科学人"认为，人性改造工程的科学性，主要在于以"人类科学"所提供的技术方法，尤其是生物学和心理学方法，就像育种和驯养牲畜一样，使用技术性方法才能真正改变智人的道德状况。

在生物学层面，"科学人"不断研究人类道德的生物学基础，将智人的道德表现溯源至人体的某种生理结构、理化反应或基因代码。也就是说，道德缺陷根植于生理缺陷，因此道德治疗要从生理治疗入手，比如针对性罪犯进行化学治疗，针对暴力罪犯尝试脑组织部分切除或特定脑区再造，针对某种失德，比如贪吃，进行基因重组等。类似的道德改造工程，可以说是继承了优生学的精神，但干预力度要远远超过传统的优生学。传统的优生学目标是清除人族繁衍中的杂草，着力在选择父母、生育后代、避免残障等方面发展遗传科学，而道德改造工程更为积极，希望通过身心设计加速智人与技治新道德的契合进程。在智能革命之后，海量的生物信息、案例收集以及可能性、可行性分析拥有了强大的智能分析平台，使此类工程逐渐变得更为安全，它或早或晚都会成为一定程度上的新常态。

在心理学层面，行为主义给人性改造提供了一整套管理人类情绪，以提升人类行为道德水平的技术性方法。行为科学相信智人是他们所处环境的产物，特定的环境变量会引发智人的特定行为，因此对环境变量的调节可以在某种程度上控制人的行为。也就是说，研究和利用人类刺激－反应的统计学规律，通过调整环境参数，就可以改变智人特定行为发生的频率，进而改造智人的行为模式。在这种改造过程中，智人的情绪管理表现为某种行为模式的频率变化，比如当面对挑衅诉诸暴力的频率降低时，人就会变得更温和，而当面对合作邀约积极反应的频率增加时，人就会变得更合群。

情绪管理技术的种类很多，比如用紧身衣、手铐等方法进行物理限制，用糖衣包裹苦味药丸，在卖衣服的地方用装镜子等方法操纵刺激，用金钱、夸奖等方法进行强化控制，等等。当然，最直接的是服用或注射某些情绪调节药物，比如镇静剂、欣快剂等。

情绪管理技术既可以用来进行自我情绪管理，也可以用来管理他人情绪，还可以由机构实施，以管理特定人群的情绪。在智能社会中，对社会成员的情绪和心理进行统计学意义上的生命政治管理已经越来越普遍了，比如各类学校设有专门的心理辅导员，社会上还有各种心理诊所等。

很多人认为，未来智能社会的情绪管理制度会更加完善，比如成立专门的政府部门或社会组织，通过智能平台进行统一的规划。彼时，人的本性实际上成了某种"人造本性"。传统的人性改造方法如宗教、道德和思想教育等，均会全面技术化和智能化，从旧日的强力压服转向新时代的科学诱导，比如教育领域今天正在彰显的数字化、心理学化趋势。总之，各种人性改造术的大规模实施，会向着最终祛除智人的"残暴"本性，增加合作精神等方向前进。

—— 2 ——
赛博格：智人＋AI

"科学人"对智人肉身的改造目标一直很明确，即朝着更强大的身体机能和能适应更严酷生存环境的方向前进。更强大的身体机能即体力奥林匹克竞赛和脑力奥林匹克竞赛所追求的更高、更强、更快和更聪明的目标。20世纪20年代，人类增强技术兴起，各种增强脑力的"聪明药"处于研制之中，此类技术很快就会走出实验室。未来智能社会将大规模推广人类增强技术，但也必须直面两大瓶颈：第一是不平等问题，如果漠视不平等问题，人类增强计划就可能走向人种分化；第二是增强极限问题，即智人肉身的基本结构和功能是有限的，比如人肺在水中不能呼吸，若想在水中也能呼吸，就需要对智人的身体进行再造。

很多人相信人类再造技术迟早会出现，比如装上可以从水中吸收氧气的机器鳃，智人就能变成水陆两栖动物。在科幻电影《未来水世界》中，这样的变化是由自然选择完成的，但人类再造技术可以采用新科技方法，在很短的时间中完成这样有意的选择过程。科幻小说《三体》里的三体人进化出能脱水的肉身，以度过严酷的乱纪元，然后在恒纪元泡水恢复。我们相信，人类再造技术能帮助智人实现适应更严酷生存环境的目标。

地球上有一些物种，如非洲肺鱼可以度过缺水的漫长旱季。以水熊虫为例，它对严酷环境具有极强的适应能力，足迹几乎遍布整个地球。它能缩成圆筒状自动脱水，脱水后能在 150℃ 和 -200℃ 的环境中存活。常温下给予水分便能恢复。有证据表明：水熊虫在严酷的太空环境中，也可以脱水存活 10 天之久。

如何向水熊虫学习生存技能呢？即智人"赛博格化"。"赛博格"概念最早由美国国家航天局的高级工程师提出，针对的就是人体如何适应外太空严酷生存环境的问题。他们希望通过技术手段改造并强化宇航员的身体，使之成为"赛博格"——这个词是"控制论"（cybernetic）和"有机体"（organism）的组合。不过，今日的"赛博格化"不再仅仅针对外太空使用，而是泛指智人肉身经过新科技改造之后新生的"后人类"。简单地说，赛博格是人类与机器，尤其是智能机器的结合体。

在未来的智能社会中，智人的赛博格化应该会加速实施，为了服务于智能文明迈向星际文明的伟大事业。智人与智能机器的结合可以分为身体器官、组织与机器的结合（如已经开始商用的机器外骨骼）、大脑意识与机器的结合（如近年被热炒的脑机接口技术），相比较而言，后者更为困难，因为智人的意识太过复杂，迄今为止，我们了解的相关知识还非常有限。

一些人认为，未来智人演化的结果是抛弃肉身，通过意识上传技术走向虚拟的元宇宙。对此，很多人并不赞同。为什么？其一，智人的意识具有"具身性"，即人类认知的诸多特征都为人类的生物学意义上的"身体组织"所塑造，没有肉体的人类意识很难想象。其二，智人的意识与肉身的生活经历有关，没有人生的人类意识很难想象。其三，从目前脑机接口技术和数字永生技术的实际发展看，实现科幻片中的意识上传很难想象。其四，即使未来智人存在赛博格化和电子化两种选择，也很难想象人类的大多数会选择后者而不是前者，电子化的永生意味着肉身智人的逐渐灭绝，地球最终由电子生命统治。

根据一些科幻电影情节的想象，人的意识既可以"上传"（upload）至无形的赛博空间中，也可以"下载"（download）到有形的或赛博格体内。这真的能实现吗？很多人认为，人的意识不能还原为计算机程序，因此谈不上什么"复制"，"复制人脑"的说法只是一种想象。在现实中，如此"复制大脑"技术不仅根本还不存在，而且连一点儿影子都没有。如前所述，人的意识、大脑的活动是世界最难解的谜团，人类迄今对此知道的尚不足冰山一角。所以，在可以预计的将来，像软件一样"复制大脑"是看不到任何希望的。

如今在尝试的数字永生技术走的不是上述"复制大脑"路线，而是模拟思维方式的路线。根据极力鼓吹数字永生技术的企业家、作家玛蒂娜·罗斯布拉特（Martine Rothblatt）的说法，数字永生技术要创造思维克隆人（mindclone），是真实人类意识的"数字等价物"。究竟怎么"克隆"呢？目前已经采用的方法很简单，罗斯布拉特所讲的"克隆"的原理与商家广泛使用的数字画像原理基本上一样。

我们天天在网上买东西，买什么、怎么买的、用什么app、出了问题怎么处理的……这些信息都被商家利用来分析你的购买行为，然后将你的购买行为分解成一些参数，为你"画像"。比如，你是一个电饭煲只买得起价格一百元以下的"拼多多砍一刀迷"，之后，平台就能有的放矢地给你"投喂"广告。

罗斯布拉特的"克隆"不光是分析你的购买行为，更主要的是从微博、微信等社交媒体上"扒取"你说过的话，加上分析你电脑里所有的资料：上传过的照片、看过的书、写过的东西、浏览过的网站……通过分析你在元宇宙留下的所有数字痕迹，解读你是一个什么样的人，然后用程序模拟你说话和社交，好像"复制"了你的意识一样。在你死后，你的"思维克隆人"还活着，可以继续和你的儿孙"说话"。据说，推特早已经有类似的服务，让死人继续"发"推特。但显然，这并不是死人真的会说话，而是不死的程序在说话。

虽然如此，未来"赛博格化"和"电子化"的路线斗争，预计仍然会持续下去，并不断改变智人的文化思想观念。无形的精神财富都可以数字化，在虚拟世界中传承，但有形的物质文明是不能完全电子化的。比如，元宇宙世界里的虚拟长城、虚拟呼伦贝尔大草原和真实的场景始终有本质差别。电子生命身处元宇宙中，并不是真正在生活着，他们虽然没有了死亡的忧虑，但本质上仍然区别于会死的智人。赛博格路线也会根本改变人类的生活状况，但会延续和创造新的物质文明，比如服饰、文身、发型、塑身等。这些在赛博格文化中会得到新发展，而这些东西对于电子生命有什么意义，我们实在想象不出来。"赛博格路线"和"电子生命路线"，两者意味着未来不同的智能社会文化样式。

—— 3 ——

人人良善，社会和谐

根据英国哲学家霍布斯的逻辑，恶人可以组成和谐社会。也就是说，在所有人对所有人的战争状态中，为避免被别的恶人所害，恶人压制伤害他人的恶念，将伤害人的权力交给国家，维系与他人之间表面的和谐关系。虽然高尚的人并不一定组成和谐社会，但更可能组成和谐社会。这涉及如何去界定高尚的问题。智人的道德标准是历史性的，有时甚至飘忽不定。在斯巴达，尚武好斗属于高尚行为，所以让斯巴达人凑一块儿并不容易和谐。可以预计，在未来"科学人"的新道德中，反对竞争、善于合作是对现代智人道德最重要的改造标准。所以，随着新人塑成，机器人劳动社会很可能走向全面的人际和谐。

在未来智能社会，人际和谐社会将是自觉身心设计工程的结果，因为全面和谐比全面竞争更有利于社会效率的整体提高。在人际和谐社会中，新人信奉非竞争性的基本原则，社会效率的获得由合作而非竞争促成。以目前的状况看，人与人、企业与企业、国家与国家之间的竞争更可能提高效率，"吃大锅饭"容易养懒汉。这种情况与资源稀缺性和劳动辛苦性相关，即占据更多资源和轻松的劳动岗位，都需要激烈地竞争。当 AI 替代劳动完全实现，劳动几乎被机器人所完成，社会商品和服务极大丰富，资源稀缺和劳动辛苦的情况逐渐消失，剩下极少的劳动也变得更愉快，彼时，合作而非竞争更应该能提高效率。并且非竞争性会减少甚至消除因争斗而发生的损耗，因攀比而导致的浪费，这也意味着智能社会运行效率的提高。当人人经济自由，不愉快的劳动被压缩到极致，人与人之间和谐相处的高效社会也是未来的美好社会。

在效率提高的同时，未来的新人还拥有强健的肉体、良好的健康状况，以及为社会服务的情操，他们可以利用大把的闲暇发展自身的天分、能力和创造性。在理想状态下，他们更多地出于兴趣的目的而非劳动的目的聚集起来，在非竞争性社会中组成大量小规模、多元化的合作社区。赛博格将自由出入各种合作社区，同时自身也是很多合作社区的成员，为着不同的目标与不同的人进行合作。

当这类合作社区占据社会组织形式的主流时，智能社会的政治生态就会发生改变，大量的公共事务无需大规模的政治机构来解决，更无需政治强人来强制统一。合作社区之间也是相对独立的，仅仅通过各种智能平台松散联系。

就某种意义来说，在人人经济自由和非竞争合作的情况下，攫取更大的权力与威望没有实质的意义，因而，人际和谐社会的所有成员在政治地位上是完全平等的。社区组织者没有特殊的权力，尤其没有强制干预社区成员的权力。可以说，智能平台上的组织工作，确实是为大家服务的。在未来的智能社会，如果政府功能有限，政府成员的权力也极为有限，不再有成为独裁者的机会；理想状态下，人们在各种社会活动中相互帮助，没有阶级、阶层的差别，没有炫耀性和浪费性的消费，人人彼此合作的新人社会比今天更为和谐，有利于在全世界范围实现永久的和平。

可以想象，在人际和谐社会中，各种犯罪，尤其是经济犯罪将极大地减少。据统计数据显示，目前经济犯罪占犯罪比例的七成以上。在 AI 替代劳动社会中，人人经济自由使得经济犯罪大大减少，传统社会中的庞大司法和警察系统衰退，甚至消失。

传统社会通过激烈的惩罚消除个体不良行为，人际和谐社会则运用技术方法引导成员行为向好的方向发展。彼时，极能社会虽不是传统意义的自由主义社会，但因为基本上没有惩罚，新人因天性而遵守规则，从而过着自由而和平的幸福生活。

在社会生活方面，非竞争性要求营造人人平等、合作的和谐文化，反对给某些人比别人更大的名气和社会声望。谁的能力更强就应该做出更大的贡献，在未来，这很可能没有什么值得骄傲的。在新人看来，能力都是智能社会培养的。无论是在家庭生活，还是在后代抚养、学生教育和社会活动等行为中，各种行为技术都被有意识地运用，消除了不利于合作社区的坏情绪，强化了有利于合作社区的好情绪。比如，让小孩子在群体中接受积极情绪，避免父母消极情绪对他们的影响；又比如，在社区中消除嫉妒等消极情感，培养快乐等积极情感；又比如，发展家政技术，减少家务劳动时间，提高家务劳动的社会化程度，从而解放妇女，真正去实现性别平等。

在未来智能社会中，对新人的塑造不是一劳永逸的，而是要贯穿从生到死的整个生命过程。也就是说，经过身心设计后的人际和谐社会很可能成为良性的生命政治社会。随着人性改造成果的不断积累，最终非竞争性会成为智人的某种生物性状，而不再需要大规模的智能改造措施。

上面关于智能社会演进话题讨论的是人际和谐社会的理想状

态，想要实现这一目标需要大量细节性的制度设计。比如，在经济自由的社会中，对非竞争性的强调可能让社会成员失去进取心；虽然经济犯罪消失了，但是其他冲突可能增加，比如合作能力差的人可能会被采取强制措施。无论如何，当机器人全面劳动社会到来以后，条件一旦成熟，实施身心设计这一大的方向是确定的、无疑的，剩下的就是在实施的过程中警惕风险，以适当、适度和有限的方式逐步推进，并在持续的、及时的反馈过程中，不断地调整前进的方向。

—— 4 ——

身心设计，结果不确定

当智能社会发展到机器人完全劳动阶段，未来的"科学人"就可能开始全面实施自觉的身心进化工程，并将之纳入功能控制型政府的重要职责之中，以集体的力量促使新人向瓦肯人转变。前面已经说过，身心设计对于社会效率的直接提升关系巨大，甚至会让经济活动的底层逻辑发生根本性改变。比如，如果人类可以直接利用光合作用吸收太阳能，让人类吃饱的生产活动便会消失。反过来看，如果没有智能社会经济制度的改造，没有机器人劳动促成的闲暇刺激了新科技的急速发展，以及没有不断的单项目进行身心改造的试验，那么自觉的身心设计就很难大规模、制度性地展开，即使贸然展开也很可能误入歧途。所以，AI 替代劳动、人人经济自由，以及富裕社会之后极能智能社会的到来，都需要推动自觉身心设计从大规模实施演变为制度性实施。

当然，大规模的制度性身心设计存在巨大的风险，主要来源于两个方面：1）身心设计的目标存在争论，2）身心设计的实施可能走样。

对目标的争论存在三个莫衷一是的根本性难题：1）什么是更好的身体呢？水熊虫虽然对环境的适应性更强，但它的智能性远不及智人，所以，更好的身体不等于更高的环境适应性。2）什么是更好的道德呢？首先，很难简单地判断同一种品质是好是坏，比如温良在某种情况下可能是懦弱，而愤怒在某种情况下可能是勇敢。其次，道德高尚并不意味着环境适应性更强，那些只考虑完成目标的、没有道德与情感设置的机器人可能具有更强的个体竞争力。虽然很多人——如人类学家克里斯托弗·博姆（Christopher Boehm）——认为现代智人道德的产生是自然选择的过程，证据是，良心机制在约4.5万年前产生后，在克罗马农人战胜尼安德特人的过程中起到了重要作用。但其他一些人对类似的论证并不赞同，认为即使它大致成立，也并不能表明良心机制在未来智人与机器人的劳动竞争中仍然属于进化优势。3）完美个体一定意味着完美社会吗？即使社会中的所有个体都采取了理性行为，结果也可能导致群体的非理性。与个体和群体之间这一理性鸿沟类似，个体和群体之间可能同样存在着德性鸿沟，即由品德高尚的人组成的社会不一定是理想社会。比如，等级森严、各有分工的蚂蚁社会虽然在很多方面都不符合人类道德，但没有人能证明它会因此缺少生存竞争力。

身心设计的实施难题根植于新科技，尤其是智能科技的不确定性，即无法保证身心设计完全按计划执行并完成，更无法预知它会产生何种样貌的社会效果。从理论上说，虽然我们可以通过试点和实验，在技术上不断完善身心设计的实施过程，但是对此仍然不可过于自信，其中存在的技术风险很有可能造成无法挽回的损失。

原因是，首先，科技方法有无改造人性的效力，目前并无一致的结论；其次，就算此种效力成立，国家或社会的制度性人性改造的结果是人人向善，还是一批被改造为奴隶、另一批被改造成生物学意义上的主人。倘若这样，难道不会落入科幻小说《时间机器》所预言的恐怖结局吗，即人族最终分化为两个对立的物种？很多人认为，后一种可能性更大，因为以目前的人性状态来看，人类掌握改造人性科技而使之向善发展就如同人类抓住自己的头发离开地面一样不可能。

我们并不能否认人性可能进化，只是已知的、数千年的人类文明史并没有人类高尚化的明显迹象，因此，对人性改造论的乌托邦必须予以足够的警惕。从既有人类史看，人性进化可能会耗费数万，甚至数十万量级的时间，而在这之前，人类很可能已经自我毁灭。

人类不能高估新科技在构建人性乌托邦方面的作用，因为涉及人性及其改造方面的问题，既有的哲学思辨从来没有形成稍微有些共识的结论。有没有人人一致的人性？人性是善的、恶的，还是一半善一半恶？人性可能进化、改造和提升吗？设计人性是好的，还是极权主义，甚至毁灭人类的？这样的问题从来没有得到很好的回答。很多人比如赫伯特·乔治·威尔斯（Herbert George Wells）、罗伯认为，当人类的物质要求得到满足后，就会转向高尚的事情，如帮助他人。但很多人对此表示怀疑，首先，从理论上说，21世纪初年，满足每个人物质欲望的生产力条件在很多地方已经实现，但是极大丰富的物质资源被少数人所浪费，而太过发达的生产力也给人类带来了困扰。其次，对人性极度悲观者认为，人类的丑恶不是因为没有吃饱，而是具有某种自然性或遗传性。在当今基因决定论日益流行的情形下，类似的观点被越来越多的人所信奉。也就是说，丑陋的人类改造人性，有可能使之更加丑陋。

—— 5 ——

结语：渐进

20世纪与21世纪之交，人类可控的观念开始大规模流行。一方面，20世纪下半叶以来，农业生产的"绿色革命"大获全胜，世界人口爆炸性增长。并且，各种人口调节和全民健康技术普遍采用，全球性的与大规模传染病的对抗活动，对自然的改造从外部自然延伸到肉身自然。另一方面，人类本质不再被认为是一次性先定的，可以通过技术干预而改变，从而向智人敞开更多选择自身的自由空间。

如果自然科学能够研究清楚人类变化发展的深层规律，未来智能社会就可以对人的肉身和行为进行有计划的身心设计工程。然而，今天对人本身的自然科学研究还远远不够，尤其涉及人的智能，更是所知了了。身心设计工程从来就不是纯粹的技术问题，而是与制度、价值观和文化的演化密不可分的。以技术的社会建构论的视角看，技术发展道路是可以选择的，对技术的控制并不是纯粹的科学技术问题，而是社会建设，尤其是政治设计的问题，其中的关键是与科学技术相关的政治制度建构。

就目前而言，进行大规模身心设计的各项条件都没有成熟，如果未来不可避免地要推行身心设计，也不可贸然轻动。人类必须在前进的过程中时刻警惕风险，不仅需要结合具体的国情，以适当、适度和有限的方式渐进，还要在持续的、及时的反馈过程中不断调整前进的方向。必要时，及时叫停某些激进措施，以免铸成难以挽回的大错。

第 6 章

———

觉 醒

我们需要超级人工智能吗？

ChatGPT 之后，人们再度开始关注"人工智能觉醒"。有人认为，ChatGPT、Sora 都是某种通用人工智能，经过迅速迭代之后，很可能全面超越人类的智能，成为超级人工智能，这就是"AI 奇点降临"。科学家迈克斯·泰格马克（Max Tegmark）、拉伍洛克等人坚信这一天肯定会到来，而且不需要等待太久。

超级人工智能也就是超级 AI，是"觉醒"了的 AI。"觉醒"之后才可能成为超级 AI，或者这两者有可能同时发生。我们应该如何思考"AI 觉醒"问题呢？关键不在于 AI 会不会"觉醒"，而在于我们应当努力控制 AI 的发展方向，使之为社会福祉服务。由此，我们必须仔细思考：要不要发展可能觉醒的 AI，需不需要发展通用人工智能，以及如何控制可能的超级人工智能。

—— 1 ——

AI 圈子，娱乐化明显

实际上，自从 AI 概念在 20 世纪五六十年代提出之后，在每一波 AI 热潮中，"AI 觉醒"问题都被拿出来讨论。1997 年，国际象棋机器人深蓝（Deep Blue）击败俄罗斯国际象棋大师时，就有人觉得它已经有意识了，甚至还编造国际象棋机器人输给了人类棋手后恼羞成怒，放电杀死对手的假新闻。2016 年，阿尔法围棋（AlphaGo）大败围棋世界冠军李世石，又有人认为 AlphaGo 有意识了。总之，经过不断的炒作，"AI 觉醒"已经成为 AI 文化乃至流行文化的重要话题。

总结目前的 AI 宣传术，主要有两个明显特点：一是科幻色彩明显。它经常炒作的话题，如"AI 觉醒了会如何""超级 AI 到来会如何""超级 AI 有没有道德，有没有欲望，有没有目标，会不会统治人类"等，都具有明显的幻想色彩，因而成为科幻作家青睐的写作素材。反过来，AI 科幻文艺也有力地宣传了 AI 科技和产业。二是制造科技英雄。由与 AI 相关的企业主、工程师、科学家亲自代言，如被誉为"ChatGPT 之父"的奥特曼、被称为"硅谷钢铁侠"的马斯克、被誉为"中国最杰出的未来主义者"的李彦宏等，他们因为扮演"超级科技英雄"角色而"圈粉"无数，形成了偶像效应。这些"英雄"的公众影响力极大，能够引领 AI 发展和舆论风向。

显然，AI 宣传术的大众娱乐气质明显。除了 AI 宣传术，当前 AI 发展的娱乐化趋势还表现在三个方面：第一，研究方向娱乐化。21 世纪的 AI 热潮发轫于 2016 年 AlphaGo 战胜李世石的围棋比赛。之后，AI 热门发展方向是聊天、写短文、虚拟人以及篡改或生成图片、短视频，而不是提升或改造实体经济和制造业。第二，公司组织娱乐化。与传统公司相比较，互联网大厂、AI 公司雇用大量公关人员，花在宣传工作上的力气要多得多。他们在依托报刊、电视等传统媒介的基础上，大量拓展推特、微博、短视频、公众号等自媒体宣传渠道，开展形式活泼、自主便捷、代入感强、无处不在的"病毒式"传播，给受众带来更多新、奇、特的娱乐感。第三，评论研究娱乐化。其一是言辞激烈，爆炸性形容词越多越好，"AI 元年""世界炸裂""机器人 Iphone 时刻"等新词令人眼花缭乱。其二是盯着 AI 恐慌尤其是超级 AI 恐惧做文章，如"AI 会不会统治人类""AI 会不会毁灭世界"，内容浮夸，娱乐气息浓厚。

为什么 AI 圈子会出现娱乐化倾向呢？早在 20 世纪 90 年代，就有一些学者指出，AI 觉醒、超级 AI 是 AI 圈子"吸金""吸睛"的"法宝"：通过类似问题的娱乐化讨论来宣传 AI，吸引资金流向 AI 产业，从而壮大自身。在《信息崇拜》一书中，西奥多·罗斯扎克（Theodore Roszak）指出，AI 产业发展史始终伴随着严重的不实宣传，同时是包括计算机科学家在内的相关利益群体的虚假、夸大、胡编乱造和幻想的历史。他一针见血地指出："人工智能研究进行下意识的自我吹嘘的原因十分简单：大量的资金注入了这项研究。"在他看来，AI 宣传术之所以能够奏效，是因为计算机、网络和 AI 等的重要性、神秘性被过度夸大了，此即他所谓"信息崇拜"。因此，他"确实想指出，计算机如同过于缺乏主见的皇帝一样，被披上各种华而不实的外衣"。

按照技术—商业"双螺旋体"的逻辑，技术本身的新进展重要，但更重要的是吸引公众的"眼球"，注意力在今日等于源源不断的投资投入。在 AI 实际发展历程中，类似 AI 觉醒的宣传术，的确发挥了很好的推动效果，为 AI 的迅猛发展立下了汗马功劳。AI 宣传能够奏效，当然与它对当代社会广泛而持续的颠覆性冲击有关，但也与它选择的高超而独特的传播方式有关：第一，它抓住人们的"痒点"。也就是说，很多人会觉得类似问题很好玩，很有趣，特别适合白日做梦，适合成为娱乐元素；第二，它抓住人们的"痛点"。也就是说，宣传超级 AI 马上到来，很可能统治人类，会让人们害怕。要知道，恐惧是比欲望更强烈的人类动机，怕死会让幻想变得看起来非常真实。第三，它抓住社会的"热点"。俄乌大战可能导致核大战，环境污染可能导致人类灭绝……有人宣称，这些热点问题只需要有了超级 AI 都能解决，因为超级 AI 无所不能，于是所有的热点问题都被纳入 AI 宣传术当中。当然，"超级 AI 解决所有问题"完全是不靠谱的想象，热点问题的解决不单纯是技术发展问题，更多的是制度建构问题。

从传播学视角看，今日 AI 娱乐化的宣传推广方式非常成功。可以说，它抓住了人性的弱点，尤其是当代人的自傲。当代人觉得自己是万物之灵，很了不起。但人为什么了不起呢？因为人有智能。所以，机器如果像人一样有智能就很了不起，机器智能越是类人就越了不起。

同样是机器，为什么我们认为计算机就不一样呢？这很可能是古老的"身心歧视"观念所致，即自古人们认为大脑比身体高级，灵魂比肉体高级。由此，既然计算机模仿的是人的大脑，因而就和其他机器不同了，值得人类的崇拜。这种论证逻辑显然站不住脚。

智能革命后的世界

"身心歧视"不过是一种意识形态成见，没有科学证据表明大脑有资格歧视身体。比如，很多人认为人的智能是具身性、延展性的，并不仅仅局限于大脑之中。

事实上，无论在哪一方面，人类都是有缺陷的，当代人的自傲是一种臆想。疫情已经让我们深刻地认识到：人类不过是自然界中的一员，面对自然伟力，必须常怀谦卑之心。

—— 2 ——
超级 AI 恐惧，吓坏公众

从现实层面看，AI 宣传过度娱乐化的趋势不仅放大了其引发的包括图文内容失实、知识真假争议、隐私风险泄露、AI 失业危机、自主武器系统威胁等在内的一系列负面效应，还可能使它走向浪费资源的错误路线上。据估计，生成式 AI 驱动的搜索消耗的水电是传统网络搜索的四到五倍。按照"杰文斯悖论"，如果继续在无节制的能源消耗道路上狂奔，"人类世"势必会在全球范围内加速毁灭。未来 AI 的着力点只有在提高生产力，推动工业化，解放人类机械劳动等实体经济方向，才可能有大的发展，如果只为搞出一些虚拟的、只能在网上再循环的东西，则实属虚有其表、百无一用，AI 的发展必然受到很大限制。

对于产业发展而言，AI 宣传过度娱乐化的趋势可能导致其发展"走偏"。AI 造福人类的初衷无疑是好的，但不少 AI 企业都在为谋利而生产着大量哗众取宠、实际意义不大的产品。照此发展，AI产业到底是变得越来越亲民有趣，还是逐渐与技术创新尤其是原始创新脱钩？是增进了全人类的福祉，还是满足了部分人的私心？利益与初心、价值与意义之间的关系张力如何把握？目前，社会上已不乏指责人工智能"不务正业"的声音。比如，我期待人工智能帮我做饭、洗碗、料理家务，我就可以琴棋书画。结果现在的人工智能却在代替我琴棋书画，而我不得不去生产劳动。这样的段子最近在网上被到处转发。

AI宣传过度娱乐化对社会公众认识AI亦有负面影响。它可能带来的消极认知后果是"温水煮青蛙"式的，如果放任不管，可能会最终反噬自身。"走偏"的AI宣传不断以恐惧和恫吓等夸张方式"吸睛"，原因是，现代人自傲的另一面是自卑。人很了不起，机器人像人，但是如果机器人未来在各个方面超过人，成了超级AI，这会让人先是有些自惭形秽，接下来陷入被超级AI取代的深深恐惧中。依我之见，这就是"超级AI恐惧"的根源。因此，虽然短期内，恐惧传播可能有效，但它的确在很大程度上传递了技术悲观主义情绪，恐有将社会大众和国家政府吓坏、阻碍AI发展之嫌。

从本质上说，对超级AI的恐惧是对他人的恐惧。有首歌唱道："我害怕鬼，但鬼未伤我分毫；我不害怕人，但是人把我伤得遍体鳞伤。"人心惟危，但是人的能力有限。如果某个人拥有了为所欲为的能力，可怕不可怕？隔壁老王如果一下子成了超人，会不会

智能革命后的世界

因为前几天找我借钱我没借，就直接把我"拍死"？大家对超级AI的想象，很多时候类似于对一个能力无限老王的想象。

这就把问题引向我所称为的"能力者道德问题"。大家都知道，如果道德败坏，能力越大，破坏性越大。在人类社会中，人与人之间的身体能力差别不大，属于"凡人的差别"，对道德败坏者很容易进行约束和制裁。但是，如果这些道德败坏者是超人呢？当超人一个人能敌一万人，一个人能毁灭一个国家，超人的道德应该是什么样的道德呢？显然，凡人道德水平的超人，很可能是威胁，而不是福音，因为它能够放大"平庸的恶"。

觉醒之后的超级AI就是某种意义上的超人。如果一个社会中有10%的人是动漫《海贼王》中的"能力者"，其他人则是平等的"弱鸡"，这个社会的道德状况会如何？在这个社会中，超人道德、超级AI道德与凡人道德会是一样的道德吗，会不会分化出两种截然不同的道德呢？所谓"能力越大，责任越大"，是不是应该对超级AI有更高的道德要求呢？最起码，超级AI道德必须严格遵守不能随意欺凌普通人的道德准则。

奴隶制社会的权力状况可以拿来做一个类比。在奴隶制社会中，5%的奴隶主占有绝对的权力，可以随意杀戮、奴役占比绝大多数的奴隶，不把他们当人。这种社会的道德是什么样子的？想必无论是奴隶主道德，还是奴隶道德，均与今日权力差异可控社会的状况不一样。按照奴隶主道德，奴隶和牲口一样，不必作为同类对待。但是，对待牲口，也要作为财产加以保护或占有。比如，别的奴隶主伤害某个奴隶主的奴隶不道德，而该奴隶主自己伤害便不违背道德。再比如，奴隶相互之间亲昵举动没有不道德，但和奴隶主随意亲昵而非恭恭敬敬则不道德。当然，这些道德变化是权力差异导致的，与能力差异导致的道德变化不能等同，但可以启发我们思考。

超级 AI 思考和行事很可能不类人，不能用人心揣度它会不会毁灭人类。在《生命 3.0》中，泰格马克想象了超级 AI 出现之后人类命运的六种可能性：1）超级 AI 隔离区。机器人自己划块地，自己搞自己的，自我进化、探索宇宙或者做回形针……想干嘛干嘛，与人类无关。超级 AI 不欺负人类，人类也别去惹它。2）超级 AI 独裁者。机器人统治世界，把人类养起来。这分两种情况：第一种是让大家按照规则生活，实时监控，禁止另一个超级 AI 竞争者出现；第二种是无微不至地照顾人类，把人类当作自己的孩子一样无私奉献，把地球建成"数字伊甸园"。3）超级 AI 动物管理员。机器人把人类灭绝得差不多了，剩下极少数像动物一样关在动物园中，供观赏和研究之用。在超级 AI 眼中，人类与别的动植物没有差别。显然，在这种情况下，现代智人很快会退化。4）隐身超级 AI。超级 AI 出现之后隐身，只要人类不造另一个竞争对手，它一般任由人类生活，有时甚至做一些有利人类幸福的事情。5）被奴役的超级 AI。超级 AI 出现了，可是甘愿做人类的奴隶。至于原因，我们完全不清楚，或者不理解。6）超级 AI 灭绝人类，地球成为机器人的世界。

类似讨论的学术和科研价值其实不大，因为它属于有很强娱乐价值、文化价值和经济价值的科学幻想。从长期来看，娱乐化趋势催生出一种异化的 AI 文化，实质为缺乏深度、内容肤浅、低级趣味的庸俗文化、泡沫文化，可能离散主流意识形态的聚合力，诱导大众沉溺于享乐主义、虚无主义而不自知。更重要的是，超级 AI 毁灭人类，跟气候变化、核大战、新病毒等生存性威胁相比，优先级根本排不上号。我以为，在超级 AI 诞生之前，全球变暖很可能早已经毁灭了人类文明。也就是说，我们夸大了对"AI 觉醒"的恐惧。

—— 3 ——
AI 发展，以人为本，以善为根

　　发展新科技是为了什么？显然，目的不是为了造出像人的机器，而是要为人民服务。如果新科技不能被恰当地运用，将给人类社会带来巨大灾难。历史上，科技发展往往率先在军事领域突破，恐怕超级 AI 也是如此，这无疑会加大人类厄运的可能性。从根本上说，如果人类被超级 AI 灭绝，本质上是自己将自己灭绝。

　　想要智能革命造福人类，必须思考运用新科技的社会制度。如果继续坚持新自由主义的私有财产制度，西方超级 AI 社会很可能的状况是：绝大多数人无事可做，只能成为食利者，勉强活着。对此，美国学者尼克·波斯特洛姆（Nick Bostrom）在《超级智能》

中描述道：

在这种情形下，大多数人类都会是闲散的食利者，依靠他们储蓄所得的利息勉强生存。他们会非常贫困，微薄收入来自不多的储蓄和政府补贴。他们会生活在一个科技极端发达的世界，不仅有着超级智能机器，还有虚拟现实、各种增强的科技，以及令人愉悦或抗衰老的药物，但他们通常买不起。也许比起增强体能的药物，他们更愿意选择延缓生长发育、减缓新陈代谢的药物来降低自己的生活成本（月光族在生计收入逐渐降低的情形下是无法生存的）。随着进一步的人口增加和收入降低，我们可能会退化为一种仍然有资格领取最低社会保障的极小结构——也许是具有清醒意识的大脑泡在桶里，通过机器来供给氧气和营养，等攒到足够的钱，再通过机器人技术员开发出对他们的克隆来进行繁殖。

性情暴烈的智人能否长期忍耐此种社会制度？在新自由主义的超级 AI 社会中，机器人越来越像人，同时人越来越像机器。渐渐地，智人与机器人差别越来越小。劳动者都成了人力资源，属于生产资料，被资本所控制。被雇用的劳动者似乎"自愿"被剥削，实际为了生存没有其他办法，不给这个资本家打工，就得给那个资本家打工。顺从的劳动者为资本雇佣，得到的是基本生存资料，不断"复制"出"自愿的奴隶"，这和被资本操控的机器人地位差不多。

还有一种流行的观点认为，AI 的出现代表着硅基生命－无机生命的崛起，最终要取代碳基生命－有机生命，主宰整个地球，并扩散到更广阔的宇宙空间中。对于类似的猜测，一些人欢欣雀跃，甚至甘当"机器人带路党"或"人奸"（国内艺术家岳路平语）。这是一种典型的"宇宙视角"：如果宇宙进化进入智能进化阶段，而超级 AI 是比智人更高级的智能，那就让人类灭绝吧。但是，作为智人的一员，不应当努力实现种族的繁荣昌盛吗？"宇宙视角"的非人类中心主义思考对于人族的生存以及思考人机关系难道有什么实际价值吗？

并且，智人也一直在进化，如今，借助新科技工具，智人的进化同样可以加速，甚至完全可以将自身改造成新的超级物种。我并不认为，在与 AI 的进化竞争中，智人一定会落败。当然，对于遥远的未来，以智人今天的智慧基本只能预测。但是在智能社会中，预测与控制是同一过程。也就是说，即使落败会发生，人类都应该努力做些什么。

倘若科幻式地畅想的话，未来更可能的是人与机器融合的赛博格或后人类世界，硅基与碳基两种智能的对立将不复存在。在如此世界中，机器与人的友爱也好、对立也好，这些问题都不存在，或者说归根结底是人与人友爱不友爱、对立不对立的问题。总之，AI 的发展必须走以人为本、以善为根、为人民服务、为提升社会福祉而努力的正道。

——4——

AI 干好工作，不必觉醒

对哲学而言，讨论 AI 觉醒、超级 AI，更重要的是反观人心，即通过对智能机器的研究加深对人的理解，因为人是什么，常常是在与非人的对比，如与机器、神、动物的比较中得到澄清。

对于科技发展而言，AI 有没有意识、AI 是不是人、AI 有没有灵魂……这些问题都是沿着操作性、功能性的角度来处理的。新科技不是玄思，它要指向实际工作。举个例子，在自动驾驶的语境中，讨论 AI 是不是主体，目标是为了分配自动驾驶事故的责任问题。处于何种主体位置，就要承担何种法律责任。显然，如果能以某种制度安排分配责任，AI 主体问题可以绕开不讨论。

哲学发展到今日，什么是意识、什么是智能、什么是灵魂……这些问题都没有解决，而且永远也不会解决。这是哲学的根本特点。因为这些问题都要回到"人是什么"的问题，而这个哲学的最根本问题看来是无法解决的。人是什么，或许只有高于人的存在，如神，才能真正回答。

AI 为什么要像人呢？有人说，要用儒家伦理把机器人训练成圣人。还有人说，机器人要像活雷锋一样：从不索取，只知奉献，为人类服务可以连"命"都不要。提出这样的要求，已经不是要机器人像人了，而是要它像圣人、像神人。一定要记住：圣人、神人不是人，而是非人，因为从来没有见到过哪个人的一言一行百分百达到神圣的标准，它们是只写在书上的、只应天上有的非人。因此，对超级 AI 的讨论可以从神学中汲取思想，因为很多人想像的超级 AI 类似于神。

更像人的机器能更好地为人民服务吗？超级 AI 能更好地为人民服务吗？如果它可能威胁人类，我们为什么还要造它呢？因此，在我看来，关于超级 AI 问题最有意义的其实是控制问题，即控制AI 发展的问题。偏偏这是最难的，甚至可能存在某种悖论：我们怎么可能控制比我们更高级的智能呢，就像蚂蚁如何控制人类呢？很多人认为，一旦超级 AI 出现，人类就再没有办法控制它。所以，应该将 AI 发展限制于高效可控的工具层面，在没有解决超级 AI的可控预案之前，必须暂缓，甚至停止发展它。正如我主张的 AI发展要去意识化，也就是设法阻止 AI 觉醒。

有人会说，人类只怕最终阻止不了 AI 觉醒。可是，不管结果如何，目前超级 AI 还没有出现，人类就应该想方设法阻止 AI 觉醒，阻止超级 AI 的出现。在我看来，新科技是为人民服务的工具，AI只是其中一种。人类不需要无所不知、无所不能的超级 AI，而需要能解决某个问题的好帮手。比如，无人驾驶汽车只要快捷、舒适、准时和安全地把人送到目的地就可以了，不需要它有什么超越人的智能和独立于人的意识。如果我想出去旅游，旅游 AI 能很好地给我设计行程，供我参考就可以了。为什么要搞一个无所不知、无所不能的超级 AI 呢？造神计划，有那么好玩儿吗？

技术发展的路径有千万条，人类要选择对人类最为有利的发展路径。选择好了，控制住，更好地为人类服务，智能技术的发展才有前途。如果因为某些奇怪的原因，比如狂妄、好奇，甚至别有用心，搞出一些有悖于社会福祉的东西，完全是浪费社会资源。一句话说，不管 AI 有没有可能觉醒，人类都不需要让它觉醒，更不应该任由它觉醒，而是应该主动选择阻止 AI 觉醒的技术发展路线。

—— 5 ——

AI 干好工作，也毋庸"良心"

很多人意识不到，更有益的 AI 与更智能的 AI 是两个完全不同的概念。更智能的 AI，意味着更道德敏感的、更能像人一样进行道德判断与决策的 AI，但并不意味着更有益。必须记住：AI 设计的目标不是更智能，而是更有益。

AI 的自主性提升，究竟有什么价值？这是一个值得思考的问题。并非自主性越高、越有智能、越像人的 AI，才是好的 AI。为此，就 AI 发展方向，我主张"有限 AI 设计"，即聚焦于 AI 更好地与人互动，更好地服务于人类，使之扮演好强大的功能性工具的角色。在我看来，Robot——这个词源于捷克语，意思是"机器劳工"——它应该扮演的是无意识的劳工角色。此外的想法则对于人族无益，这就是我反对从"宇宙视角"看待智能革命的原因。

具体到 AI 道德问题上，我主张"AI 去道德化"，即 AI 设计不需要使 AI "有道德"，能进行所谓道德推理或道德决策。我在《技术治理通论》一书中提出了有限技治理论，主张技术可控，因而必须把 AI 置于人类的完全控制之下，可控才能保证有益，所以 AI 设计并不一定要追求更智能、更像人之类的目标。

人类的道德行动混乱而不一致。"像人一样进行道德判断与决策的 AI"在何种意义上能成立呢？在《道德机器：如何让机器人明辨是非》一书中，AI 哲学家克林·艾伦（Colin Allen）提出所谓道德图灵测试：提供一系列真实的道德行为的例子，让提问者区别其中哪些是机器行为，如果区别不了，AI 就通过了道德图灵测试。可是，对于同一个情境，不同的人判别结果也会不同。有道德水平高的人，有道德水平低的人。如何能笃定某些道德行为必定不是人的行为呢？比如说，毫无征兆、毫无理由地杀死一个根本不认识的、刚出生一天的婴儿，你能断定这是机器人干的，而不是某个杀人狂、杀婴狂或精神病能干出的事情吗？

类似测试实际是比较某些行为比另外一些"更道德"，而不是区别道德与不道德的行为。问题是，哪一种行为更道德，既有的美德伦理学完全是混乱的。在边沁看来，时时计算最大功利并依据计算行动的人是"活雷锋"，康德会认定刻刻遵循内心深处道德律令的人是"活雷锋"。相反，对于什么是不道德，尤其是某些令人发指的罪行，不同的人群似乎更容易达成一致性。因此，比起让 AI "更道德"，避免 AI "越过"道德底线，做出明显不道德的行为是 AI 设计更可行的方案。

还有人说，AI 道德可以通过社会学习来解决，即让 AI 在真实的社会互动中学习人类道德。但这种观点的漏洞在于：

第一，社会学习的结果，完全无法预计。有个人尽皆知的 AI 学习语言的例子：聊天 AI 在网上跟人学说话，结果很快满嘴脏话、痞话和种族言论，设计者不得不把它给关掉。康德的"先天道德律令"也许不能完全服人，但人类的道德行为绝不完全是后天习得的，而是存在一些先天的东西。很多 AI 设计者将 AI 进化与人类小孩成长等同起来，这种思路的根本性缺陷就在于 AI 缺少先天性的东西。社会性的道德养成可能失败，社会学习之后 AI 也可能成为罪犯。

第二，我们能不能承受 AI 养成失败的代价呢？显然，不行。一个道德败坏而无所不能的超级 AI，可能毁灭整个社会。这就又回到"能力者道德"问题。并且，AI 并不能真正承担犯错的责任。你打机器人，拆了机器人，它没有感觉，谈不上所谓惩罚。对于社会而言，物理惩罚机器人没有任何意义，也产生不了预防机器人犯罪的震慑作用。

因此，完全像小孩一样养成 AI 道德行为，使之能像人一样进行道德推理和道德决策的思路不可行。

事实上，所谓人工道德、机器道德——AI 是否是道德主体，是否能进行道德推理，是否能进行道德决策——更多的是某种修辞学，并非真正实指的"道德"。只有人与人之间才有道德问题，人与机器之间的道德问题本质上是以机器为中介的人与人之间的道德问题。这不是如何界定道德概念的问题，而是道德设计必须对人类有益的问题。

　　AI 道德设计的本质是对 AI 行动规则的制定，即让 AI 在现实社会情境中，能采取合适的行动，包括停下来，等待人类操作者的指令，而不是像布里丹的驴子一样死机，或者根据随机算法做出反应。当前 AI 的行动规则是有限的，即局限于它的功能情境之中。比如，自动生产汽车的机器人需要处理的是工厂中的、与生产汽车相关的问题，不需要它能应对在工厂之外的社会环境，也不需要它处理与生产无关的问题，比如让它给工人跳个舞。它活动的场所是有限的，不能脱离语境要求它对一般规则进行计算。为什么？人类从 AI 的能力中获益，而不是从它的更高尚中获益。所谓完全通用 AI——实际上，人也不是"通用的"，所以完全通用的 AI 是超级 AI——将导致无法解决的伦理困境，有限 AI 设计主义者反对类似的发展方向。

　　对于人而言，AI 行动规则设计最重要的是可预见性，即与机器人互动的人类能预见它的可能反应。如此，才能成为真正的人机互动。更重要的是，可以提前预知互动结果时，对于可预计的不理想结果，人类可以进行提前的人工干预。不可预计的 AI 不可控，更不安全。

　　可预见性意味着人类要学习 AI 的操作规则，或者说学习与之互动的可能场景。工人需要花费很长的时间学习操纵新机器，才能成为熟练工。在有限 AI 设计主义者看来，这在 AI 时代同样是必要的、管用的。我们并不需要机器人有更高的智能，而是需要它们有更强的、可控的和可预见的能力。

—— 6 ——

结语：容忍

在 AI 无法承担责任的前提下，AI 设计要制度性地设计责任分配办法，将 AI 可能导致的伤害分摊到与之相关的设计者、使用者、担保者等各方。显然，这里讲的伤害是社会能容忍的伤害。超级AI 不可控，可能造成灭绝人类的伤害，因此应该千方百计地阻止它的出现。

还有一个值得思考的问题：我们能在何种程度上容忍 AI 设计错误？为什么不能容忍机器人出错呢，新机器一直在出错。美国学者彼得·诺维格（Peter Norvig）问得好：如果美国高速公路一半以上的汽车是自动驾驶的，结果是每年死亡人数从大约 42000人降低到每年约 31000 人，自动驾驶汽车公司会得到奖励，还是因为这 31000 的死亡面临诉讼呢？他的意思是，自动驾驶总体上说对于社会是好的，应该在一定程度上容忍它的错误。

当然，容忍犯错不等于对问题置之不理，因为如果对于个体伤害无人担责，就会变成坏的选择。也就是说，AI 容忍程度与制度性担责设计相关。艾伦在《道德机器》中正确地指出："将 AI 说成是某种道德主体，出了问题人类就推卸责任了。"自动驾驶伦理的核心问题是责任问题，而非自动驾驶到底是不是道德主体。

　　总之，有限 AI 设计主义者主张将 AI 限制在有限的工具层面，而将相关道德问题全部交给人类处理。也就是说，机器道德不是机器的道德，而是与机器相关的人的道德问题。

第 7 章

———

教育

AI 竞争，文科生工作怎么办？

基于深度学习技术的突破，以 ChatGPT、Sora 等 LLM（大型语言模型）产品为标志，引发了 21 世纪 20 年代全社会对生成式 AI 的关注。所谓生成式 AI，指的是能根据提示词自动生成文本、图片、声音、视频和代码等内容的 AI。2023 年 3 月底，由于担心可能产生与之相关的伦理和安全问题，包括埃隆·马斯克（Elon Musk）在内的若干名专家联合签署公开信，呼吁暂停训练 GPT-4 后续 AI 模型至少 6 个月，这引来吴恩达等一众人工智能专家的反对。4 月 11 日，国家互联网信息办公室公开发布《生成式人工智能服务管理办法（征求意见稿）》，以前所未有的速度对 GAI 做出治理反应。

就目前暴露出的迹象来看，GAI 已经开始冲击就业市场，引起人们对它触发失业问题的关注——它可能导致文案策划人员、原画师、工业设计人员、媒体从业人员、翻译人员、影视工作者和程序员等脑力工作者大量失业，于是触发了有关当代教育尤其是学院文科教育是否适应智能社会新形势的反思。

具体到文科教育，GAI 对文科教学、科研以及文科性就业岗位冲击巨大。如以 ChatGPT 为代表的自然语言处理技术擅长各种文字、翻译、信息汇总和编程工作，以 DALL-E 2 为代表的图像生成技术精于各类图像处理，以 Microsoft 365 Copilot 为代表的 GAI

办公软件能迅速完成大量的例行办公室工作，以 Sora 为代表的 GAI 视频生成工具能快捷且高质量地替代传统的编导、摄影和剪辑等影视制作工作。面对冲击，既有的文科教育必须迅速思考应对之策，主动拥抱制度变革，以回应新科技的巨大挑战。

—— 1 ——
GAI，颠覆式冲击文科

从教育的视角看，GAI 工具可以被视为知识生产和学习的辅助工具。ChatGPT 可以快速响应各种知识问答，总结网上的既有观点，辅助新知识的生产，有利于提高学习效率。但是，它的认知活动主要停留在对网络资料的学习、整理和归纳的层次，完成不了更高级的创造活动，因而，只能主要作为知识活动的辅助工具而存在。同样，Midjourney、Sora 等图像、视频生产工具可以依言成图、成视频，但只能作为尝试性的草案帮助艺术生和美院老师启发和展示思路，因为它们常常出现错误，比如人物多出一条腿或运动不符合物理规律等，如果要转换为成熟的作品，还需人类对它进行精修和提升，更遑论达到艺术家所要求的高超水准了。

作为一种知识工具，GAI 不管如何迭代，归根结底提供的是既有网络知识的结晶。也就是说，它始终是功能有限的高效技术工具，并不能完成全新的原创任务。当然，大部分的人类生存活动并不需要多高的创造性，尤其是常见的例行公事式日常工作，往往重复而乏味。即使是教育科研行业，课堂教学、教案准备、批改作业、资料收集和整理等许多任务，也不需要多高的创造性工作。因此，不能以GAI知识创造性不高、GAI技术突破性不强为理由，忽视甚至否认它对包括教育在内的社会各个领域的冲击力。

对于文科教育而言，GAI的挑战不是表层的，而是颠覆性的，未来甚至可能彻底重塑文科教育。

第一，冲击从知识流通深入到知识生产领域。在ChatGPT之前，AI与ICT（信息通信技术）在教育领域的应用主要集中于教育资源传播与共享的知识流通领域。GAI创新改变了人是知识唯一创造者的局面，人工智能的影响从知识流通领域深入到知识生产领域，存储、整合世界知识，理解、解决复杂问题，促成知识内容的涌现与生产效率的提升。

很多人误将ChatGPT理解为搜索引擎和聊天机器人结合的升级版，这明显低估了LLM的生成性力量。搜索引擎只能找到庞大数据库中的既有内容，对于数据库未存储的信息则无法提供答案。生成模型则擅长运用各种机器学习（ML）方法，从现有数据资源中提取关键信息，通过概论、抽样等方法生成新的——起码在具体内容和语言上新颖，还可以多次要求它重新生成形式上不同的答案——人工智能生产内容（AIGC，AI Generated Content）。

相比人类的知识生成工作，GAI具有四个明显优势：1）速度快，2）极便宜，3）水平高，4）信息全。作为AI驱动的高级自然语言处理工具（它可以直接用自然语言工作，而不必以一般人看不懂的机器语言工作），它学习了海量的多种语料，综合归纳能力强，具有一定的"注意力"（不是说了下句，忘了上句，没有连贯性），表达方式更类似人类在文科知识生产领域的应用。ChatGPT 以及学生利用 ChatGPT 提高学习效率，正在成为大势所趋。可以想象，AIGC 会对从事文科知识生产相关的劳动者带来重大影响，包括文科学者和文科教师。不少人认为，ChatGPT"将会使教育与以往完全不一样"，将带来"教育领域的一场病毒式的轰动"。

第二，冲击从学校教育深入到学生就业领域。可以预见，不仅文科教师要与人工智能竞争，文科毕业生很快也会生活在人工智能辅助劳动的社会中，很多工作（如写发言稿、写总结材料、写文案和策划等）都可以交给 GAI 工具协助处理，甚至全部交给其完成。GAI 的强势崛起再一次证明了人工智能不仅可以取代人类的体力劳动，而且可以取代人类的脑力劳动，人类将生存在与AI 竞争的劳动环境中。培养人才是教育的核心任务，如何培养适应未来社会的文科人才，给既有的文科教育提出了前所未有的挑战。

GAI 失业难以进行就业补偿，原因主要在于：1）标准化、制式化的脑力劳动都可能被它取代。社会上存在大量此类劳动岗位，比如公文写作。在 AIGC 时代，当能源行业不景气的时候，文字工作者无法从能源行业跳槽到景气的行业继续以写作技能谋生。2）结构性失业问题日益凸显。因为脑力技能的培养非常困难，所以在 AIGC 时代，当失业人员的技能失效时，短期内无法进行岗位补偿，甚至存在持续性再就业障碍。3）AI 对劳动部门的工作替代是全面的，劳动者无法像之前那样从农业部门、工业部门转移到服务部门。文科性工作大多属于第三产业，同样处于与 AI 竞争的劳动环境中。

第三，冲击将从教研环节深入文科教育的根本目标。从能力角度看，教育活动可以训练人的观察、记忆、理解、总结、分析、推理、提问、想象、表达、批判以及动手等各种各样的能力，国内盛行的应试教育则偏重于记忆、理解、总结和简单运用等能力的培养。作为知识辅助生产工具，GAI 工具在认知层面主要停留在对网络资料的学习、整理和归纳的水平上，完成不了创造性的高级知识活动，但它的记忆、理解、总结和简单运用能力远远强于人类。显然，以灌输知识为特征的文科应试教育培养学生的能力目标与人工智能知识工具的技能相冲突（或者说相重复）。所以，GAI 对教育的冲击，并不是表面所见的现象，比如学生用 ChatGPT 写作业，或者教师改变对学生的考核方式，而是在很大程度上直接否定了应试教育的根本逻辑和目标。

对于文科应试教育而言，GAI 的颠覆性冲击具体表现在五个方面。1）识记性知识地位下降。AIGC 工具能迅速检索海量信息资源，提出常规问题的解决方案，受教育者通过应试教育识记大量的文科知识点的用处已经不大。2）解决问题能力的重要性提升。相比死记硬背，能灵活运用更为重要，比如熟记"唐诗三百首"却写不出一首诗的教育意义不大。对于训练学生学会思考，提升解决问题的实际能力，应试教育的优势全无。3）自学越来越重要。

在 GAI 的帮助下，"以学习为中心"的自适应学习日益普遍，个性化教育设计成为主流，终身学习从口号变为现实的必须，教育主阵地由学校拓展至随时随地，应试教育主张的教师中心论和学校主体论很快会过时。4）新的人才培养标准出现。在 GAI 辅助工作的场景下，能够驾驭 AI 技术的复合型人才和应用创新型人才越来越受欢迎，以知识灌输为特征的文科应试人才培养标准逐渐失去时代效力。5）可能导致某些全局性的新问题。比如，教师的权威性下降甚至丧失，教育活动以师生沟通为中心可能转变为以人机对话为中心，学生可能过于依赖 GAI "投喂"，而丧失批判能力和决断能力，文科教育可能过于追求效率而忽视其人文属性、道德属性和文化属性等。

—— 2 ——

文科教育，面向未来

可以预见，人类很快会生活在 AI 全面辅助劳动的社会中。当 GAI 产业成熟之后，每一个文科老师、文科学生和文科教育的管理者、辅助者的教育工作，都离不开无处不在的 GAI 辅助教育工具、GAI 辅助学习工具和 GAI 辅助科研工具。原本由人类生成的赛博空间内容——包括专业生产的内容（PGC，Professional Generated Content）和用户生产的内容（UGC，User Generated Content）——中的绝大部分将由 GAI 自动生成或辅助生成，文科毕业生不得不与 GAI "竞争上岗"。按照法国技术哲学家斯蒂格勒的术语，GAI 将成为代具或技术器官，而不是简单的工具；就像心血管病人离不开心脏支架，残疾人离不开义肢，AI 辅助生存环境中的人根本少不了 GAI。显然，整个文科教育系统必须做出相应的变革，才能适应未来的 GAI 辅助生存社会环境。

因此，随着 AIGC 时代的来临，有关教育的定位和思考要从面向过去、现在转为面向未来，尤其要着眼于培养适应未来社会的人才，而不是根据过去或目前的社会需要情况来设计教育系统。英国历史学家赫伯特·乔治·威尔斯认为，思考问题有两种方式："思考未来"的思想方式以未来为参照，将现在视为未来的准备和预演，属于更为现代的创造性思维；与之相对的是"思考过去"的思想方式以过去为参照，将现在视为过去的结果和重演，属于更为传统的保守性思维。

随着智能革命的兴起，技术变迁日益加快，推动智能社会加速发展。面向过去、现在的教育思考，主要是总结过去的经验和教训，发扬既有的成功经验，改变过去的错误做法。而随着教育大众化，劳动者受教育的时间越来越长，结果步入职场之后极可能发现所受的技能教育已经落伍。既有的专业文科教育偏重于传授已知，对探索未知的强调非常不够。面向未来的教育思考，主要是基于未来的情景规划，进行判断、引导、调控和变革。

未来文科教育面对的发展环境如何？至少要解决如下问题。

第一，AIGC 导致智人退化风险。如前所述，随着 GAI 被广泛应用，人类退化的风险增高。所以，未来教育必须考虑两个问题：一是如何通过教育减缓或阻止学生退化，二是如何对不断退化的学生采取针对性措施。首先，要研究退化的原因和原理，然后有的放矢地加以解决。比如，因过度依赖手机使户外运动缺乏的，应该提高体育的教育地位；因过度依赖搜索引擎使记忆力减弱的，应该加强对记忆能力的训练。学校教育是整个教育活动最重要的组成部分。学校采取的各种应对措施必须针对不同年龄段学生的特点，以学生为中心来评判和调整。

第二，后真相时代难免知识污染。在很多人看来，AIGC兴起，"后真相时代"迅速走向"新闻小作文时代"的极致阶段。后真相时代的重点不是没有真相，而是人们不再关心真相，大家上网不是为了寻找真相，而是为了宣泄情绪或纯粹娱乐等。在AIGC的冲击下，各种信息、消息和观点真假难辨，并建构出自我封闭、自我指涉、自我滋生的某种知识空间，且存在越来越低级、平庸和虚伪的风险。教育是知识传承和创新的事业，AIGC包围下的"知识下流"尤其是"流量空转"，意味着"教育下流"风险加剧。

第三，相互教育的人机协作关系。在AI辅助生存社会中，机器智能与人类智能要相互学习，达成人类主导、AI辅助的协作关系。首先，这意味着学生必须提高数字素质。其次，这意味着"人对机器的教育"即教育主体们，尤其是师生，必须参与教育AI的设计和发展，使之在具体的教育情境中有效、好用和可控。再次，这意味着要加强团队协作和集体智慧。AI与人的关系，同时是经由 AI 的人与人之间的关系。比如，教师有教师的 GAI，学生有学生的 GAI，教学协作网因而变得更复杂，教育人际关系也发生变化。最后，这意味着强调教育 AI 要可控，而不是可信赖，师生都要有控制 AI 为我所用的能力。

第四，智能社会需要学习跃迁。可以预见，在未来，智能社会将流行实用主义的知识观，并成为 AIGC 时代唯一合理的知识观。一句话，行动而非真相，是知识生产的唯一目标。AIGC 时代，人类的学习注定要发生重大的变化，现在的问题是如何描述此种变化。一种计算机类比观点认为，人的知识能力可以和计算机一样从数据、算法和算力三方面来描述。显然，在数据和算力方面，人很难超过机器，所以着力点应该在算法上。按照如此预测，未来的劳动者很可能需要不断学习新的知识，在某个领域迅速成为专家，然后驻足该领域工作数年，之后迅速转到新领域重新开始之前的过程。在智能社会，知识更新迭代大大加快，知识保质期大大缩短，学习成为急速漂流的状态，可以称之为 AI 时代的学习跃迁。这正是技术加速导致学习加速、劳动加速和生活加速的一个侧面。

第五，情感教育的重要性增加。在与智能机器的竞争中，情感将成为最重要的人类自留地。有人认为，"情感经济"将成为人类应对生成式 AI 的"护城河"。比如，智能社会的教育同样依赖社交 - 情感维护其中人的价值，AI 可以帮助教学，但无法取代师生、同学之间的交往。而此时，情感教育要成为教育的最重要目标，以此对抗当代社会最大的问题，即人的机器化，同时增加未来劳动者相对于智能机器的竞争力。

— 3 —

提高素质，更训练技能

面对 ChatGPT 的冲击，文科教育要从传承式文科教育跃升为创新性文科教育。目前，学院文科教育主要包括专业的文科教育和非专业的人文素质教育两大块。前者与学生就业找工作的功利目标紧密相连，而后者关涉受教育者人文素质的超越性提升，尤其是对品德、价值和意义的培养。无论是从专业训练的功利目标来看，还是从素质教育的超越目标来看，都需要完成从传承式文科教育向创新性文科教育的转变，即技能培养需要创新，意义塑成也需要创新。

培养 AI 辅助生存社会所需的专业文科人才，尤其要使之拥有人工智能所不具备的创新和创造能力，这样，专业文科教育的存在才有合理性。针对目前的实际状况，在专业文科生的技能培养方面，创新性文科教育至少要聚焦如下四个方面。

第一，训练基本数学和逻辑思维技能。在未来 GAI 辅助工作的劳动环境中，文科性工作岗位要大量与 AI 打交道，通过与智能机器的交互和合作完成工作任务。可以预见，通过多模态应用程序编程接口（API，Application Programming Interface），未来文科生也可以完成相当多的计算机编程，甚至越过编程环节，直接通过语音甚至脑机接口向智能机器下达指令。因为计算机语言本质上是数学－逻辑语言，所以专业文科生在数学和逻辑思维能力方面必须过关，才能更好地实现人机交互与融合。如果数学和逻辑思维训练不够，就很难定义和控制 GAI，或从海量的 GAI 知识中厘清头绪。

第二，在重叠技能的水平上超过 GAI。在人工智能辅助工作的社会中，各种文字写作、多媒体脚本、程序代码、文稿翻译等工作均会由 AIGC 工具先完成草稿，然后由人类做一些创造性的调整，最后由 AI 直接在各大平台上发布和推送。如此，文科性岗位的工作量大大减少，一个人可以承担现在好几个人的工作。也就是说，在与 GAI 重叠的技能上，文科生的能力水平必须高于它，否则难以在未来的职场中生存。比如，虽然 ChatGPT 的翻译又快又好，但如果人工翻译水平能和傅雷、朱生豪等大家比肩，能信达雅地翻译莎士比亚的十四行诗，那么就不用担心会被机器翻译所淘汰。

第三，发展 GAI 没有或不擅长的技能。我们在工作中所需的能力是全面的，不仅是 GAI 所擅长的记忆、理解、总结和简单运用的能力。GAI 没有或不擅长的技能也很多，如创造性提问题的能力、熟练的动手能力、直觉思维能力等，尤其是批判性思维能力和原始创新能力。因此，专业文科教育要注重培养文科生超越 GAI 的技能，形成与 GAI 相比较的互补性优势，从而为文科生在

AI 辅助工作环境中争取一席之地。

第四，着重培养文科生的人际沟通技能。未来的机器人劳动社会，人工智能仍难以取代那些处理人与人之间关系的工作，尤其是强调组织能力、协调能力和交流情感的工作。无论未来社会多么智能，人工智能始终是机器，在人际交往场合无法完全取代人类。比如，有些人工智能客服会让人感到不适，不如人工客服亲切。由此，文科教育要注重培养学生的价值观、同理心以及人文素养，以匹配未来社会对此类情感性工作岗位的需求。

除了功利性，文科教育还具有超越性。文科教育不只是培养合格的劳动者，还要给学生以人文滋养，培养学生的审美能力，展示文化的多样性，成为传承优秀文化和人文精神的重要阵地。通过文科素质教育，宝贵的人类精神财富得以发扬光大。在物质生活极大丰富、人类拥有更多闲暇的未来智能社会中，精神性活动和基于人际关系的幸福生活的能力，将受到越来越多的重视。

进一步说，好的人文学科应是意义之学，好的文科教育应是意义教育。教育不仅培养人才、专家或劳动者，更是培养人的活动。经典教育观念认为，教育要激发每个人的主体性，包括情感、思想、意志和人格等。从根本上说，所谓教育之光本质上是意义之光。人因为是意义动物，所以成其为人。通过文科教育，智能社会将各种系统性意义理论传递给下一代，供其选择、实践和坚守，有助于社会成员赋予各自的人生以独特的意义。这是一种创造性的塑成过程，是结合自己的人生经历去生成的，而不是社会个体简单的模仿活动。

必须指出，在智能革命方兴未艾的技术时代，意义问题并没有失去价值，相反变得更为急迫。想一想，未来如果机器人取代人类所有的体力劳动和绝大部分脑力劳动，人类是不是更需要反思人生的意义和价值？在 AIGC 时代，各种大数据泛滥，包括人文教育在内的很多人类活动，都可能出现"以数据为中心"的错误倾向。大数据并非全数据，更不是真实世界的完整刻画。在真实世界中，包括意义在内，很多东西是无法真正数字化的。在素质教育领域，"以数据为中心"是某种数字迷信，只有被"以意义为中心"取代，才能真正实现文科教育的超越性功能。

在机器人劳动社会，文科教育功利性和超越性并存，培养技能和提升意义并重，且两者相辅相成，不能割裂开来，亦不可偏废一方。

—— 4 ——

文科生，走精品路线

毋庸讳言，当前的文科教育已经落后于智能技术的迅猛发展。但是，与其过分担忧技术风险，倒不如从争论走向行动，以变革应对冲击。也就是说，要积极深化文科教育变革，使 GAI 与中国教育情境更好地融合，走出一条渐进性、持续性、可控性的中国特色文科教育数字化转型之路。

第一，博学转向慎思。在 AI 辅助生存社会中，知识不代表能力，效率不等于意义。GAI 强大的底座能力使学习者可以轻松获取既有文科知识，以往通过掌握更多资料、记住更多信息以炫耀博学的旧文人习气，已经彻底过时。文科教育的重心从传授知识转向培养创新能力，这意味着对旧传统、旧观点的批判与反思和对新视野、新思想的发现与建构，突破对既有知识的收集、综合和重组。因此，慎思与文科创新关系密切，既是孕育创新思维的基础，又是确保创新效果的基石。它集中体现为一种谨慎思考、周密审度、遴选消化的思维过程，贯穿于文科创新活动的每一个环节。即在新科技层出不穷的当下，文科教育应当放弃填鸭式的知识灌输，引导与启发学生深入思考，尤其是创造性地学习。

第二，专学转向通学。文理隔阂已经饱受批评，而实际上，文科内部也有不少隔膜。学科领地意识过强，画地为牢，相互轻视，甚至"老死不相往来"，这已经不适应于新的时代。智能革命兴起之后，专门学的弊端频现：知识越分越细、越分越窄，使得学人在自己的专业之外一无所知，于是，交叉科学、横断科学和跨学科研究方法渐渐出现。不同学科间认识论、方法论、价值观互鉴融合，才能碰撞出更多智慧的火花、鲜活的灵感和意义的创造。文科本应是通学、问题学，偏要学着自然科学成为"分科之学"，恰恰丢掉了自身的优势和特色。

第三，提升科学素质。必须设法全面提升文科老师和文科生的科学素质。目前，文科教育工作者和文科生对新科技的发展兴趣不足、关注不够，心理上排斥，不时陷入与时代脱轨、现实脱节的尴尬境地。但生活在 AI 时代，缺乏对新科技的必要了解，连常识都谈不上健全，如何能追寻更高的意义世界？文科工作者只有努力学习科技知识，了解新科技对社会的影响和冲击，才能面向真实世界进行思考。如果固守于旧书堆中，讲的东西也难以让他人信服。GAI 对教育的冲击再一次证明了一点：科技与人文的全面融合，才是实现优质教育、促进人的全面发展的根本之策。

第四，熟悉技术工具。能够在 AI 辅助下学习、工作和研究，正在成为教育活动参与者的必要技能。在智能社会中，文科工作者先要进行"自我革命"，才能适应新情况。如果文科老师对新技术工具毫不关心，或者专业技能还不如 GAI 工具，就可能面临被淘汰的命运。所以，要在科研和教学工作中努力学习和运用新的技术工具，为学生做出表率。年轻的文科生更要养成追踪本学科中新技术工具的习惯，破除畏难情绪，不断尝试将新技术工具运用于本学科的发展之中，提高学习、工作效率，释放更多时间和精力，进行更深层次的研究与意义创造。当然，文科教育的管理者要提供必须的制度性支持，包括技术培训、设备更新、问题解答和技术支持等。未来，像 ChatGPT 这样的 GAI 应用工具必会层出不穷，甚至出现不掌握新技术工具就寸步难行的情况。

第五，专业精品教育。为了应对 GAI 的挑战，专业文科教育可以考虑走适度的精品化路线。首先，在 GAI 辅助工作环境中，文科生的技能要超过 AI，就要接受高水平的精品文科教育。比如，

GAI能因文生图，但图片水平肯定达不到宫崎骏的水平，如果动画专业对学生的培养向宫崎骏看齐，就不必担心失业问题。其次，从传承式文科教育转向创新性文科教育，以及在文科教育中融合科技与人文，都意味着未来的专业文科教育可以考虑少而精的发展方向。而与专业文科教育相对，非专业的素质文科教育以超越性熏陶为方向，走的是普及性的大众化教育路线，与国人共同富裕之后追求美好生活的目标相适应。

第六，意义扎根交往。在智能社会中，未来的文科教育必须强调情感教育的重要性，努力提升学生的人际交往、对话、沟通和合作能力。首先，如前所述，人际交往能力将成为机器无法取代的最重要的人类技能之一。其次，意义获取离不开交往。再次，避免人的异化和退化离不开交往。最后，更多的人际交往，更多地接触多元的社会、文化和生活，有助于意义的获取。从本质上说，人的机器化是人的原子化、齐一化、单调化，是对人的社会性、丰富性和多元性的压抑。相比于理工科教育，文科教育在培养学生的交往能力和习惯方面有先天优势，必须自觉地加强这方面优势的发掘和利用。

—— 5 ——

情感教育，从青年抓起

在AI时代，有必要特别强调一下：情感教育在未来必定越来越重要，这是未来文科教育非常重要的机遇。从教育的角度看，情感主要被赋予两种地位，即作为素质的情感与作为技能的情感。传统教育主要将情感视为一种素质，即服务于人的全面发展的边缘化特质与作用于人的价值追求的提升手段。在未来智能社会中，情感地位会持续跃升，越来越作为一种专业技能被重视，在 AI 辅助劳动中占据更重要的位置。

将情感作为一种素质，在概念上强调情感的超越性，在目标上着眼人的全面发展，在方法上注重人的自身体悟，在本质上属于一种价值追求。而将情感视为一种技能，在概念上强调情感的实用性，在目标上关注人的能力培养，在方法上讲求人的专业训练，在本质上属于一种生存策略。进入 AI 时代，人类面临"机器的人化"变革，需与 AI 竞争上岗，情感逐渐成为人类最关键的砝码，因为情感是人类相对 AI——起码在超级 AI 出现之前——的独特技能。

鉴于情感在 AI 时代的重要性，认识、承认并推动情感的地位跃迁十分必要。若在理论层面仅仅将情感视为一种素质，那么难以在现实层面有效唤起社会，尤其是教育界对情感的重视。目前，在家庭支持、学校教育以及公司培训中，情感被视为一种附加素质，未得到应有的关注，在实践中，被大大弱化。很多思想家认为，当代人的情感困惑非常普遍，而这与情感教育缺失的现状关系很大。尤其是当代青年，在享受 AI 红利的同时，亦承受着随之而来的就业挑战与情感不适，典型的包括"AI 情感疏离""AI 情感欺骗"和"AI 情感应激"等困境，在情感技能方面存在很大提升空间。

第一，AI产品的易成瘾性、线上化交往等引发青年的"AI情感疏离"困境。"王者荣耀""和平精英"等竞技类电子游戏、"原神"等二次元冒险类游戏、"恋与制作人"等女性向恋爱类游戏，"抖音""快手""哔哩哔哩"等平台上的短视频，为年轻人带来难以抗拒的满足感与愉悦感，甚至被人斥责为AI时代的"精神鸦片"。长时间沉迷虚拟世界、持续性接受视觉与听觉等感官性刺激，不仅会导致身体健康受损，成为"脆皮青年"，还会引发对真实世界的感知弱化，造成面对面的、有深度的心灵情感交流的匮乏。

第二，AI时代的"后真相特征"导致青年的"AI情感欺骗"困境。后真相时代，AI传播的泛娱乐化以及AI生成的虚拟化加速信息爆炸，各类虚假信息、娱乐信息、片面信息充斥虚拟网络与现实生活。Z世代往往长期依赖AI，加之生活经验不足，在辨别力方面稍有欠缺，极易出现"情感跟风"现象，在不加批判与反思的基础上发表情绪化言论，要么根据一面之词同情弱者或声讨恶者，对不实信息的扩散推波助澜；要么落入情感消费陷阱，疯狂打赏各类主播。现实往往存在不断的反转，年轻人耗费时间、花费精力，造成情感浪费与情感透支，进而可能导致年轻人情感淡化、信任减弱。

第三，AI时代的隐私暴露与技术性失业造成青年的"AI情感应激"困境。无处不在的大数据监视与AI社交媒体的广泛传播，将青年打造为"透明人"，朋友圈"围观"、微博"视奸"、网络"人肉"等一系列手段扭曲各类AI技术的正面使用，年轻人的各类隐私极易被暴露在同学、老师与家长面前，由此引发青年的朋辈压力与向上比较，极易生发出高度的紧张感、自卑感与无力感。此种压力与传统压力不同，具有全方位、隐秘化与渗透化的特点。此外，AI失业问题现实存在，当今青年的"Gap Year""慢就业"与频繁"跳槽"现象均凸显青年较大的就业压力。由于年轻人更为敏感，痛苦与压力阈值较低，因此情感呈现出持续性沉迷虚拟与间歇性精神内耗的状态，经常呈现出"摆烂""已读不回""朋友圈近三天可见"等情感应激、社交降级现象。

AI时代，青年情感技能薄弱，尤其是情感困境显现，在很大程度上是由于青年教育存在情感短板，现有的情感教育不力。而作为AI时代的变革者，年轻人具有引领AI发展的潜力。极具潜力且数量庞大的青年群体，作为时代变革中不容忽视的中坚力量，需全面培养各类技能，尤其是情感技能。并且，青年作为AI时代的可塑者，情感技能提升速度较快。因此，应该面向未来加强青年情感教育，必须不断根据社会形势做出研判与调整，即面向未来的青年教育应实现情感转向。有针对性地推动青年教育情感转向应遵循三大理念——关注交往能力、强调创新能力和提高适应能力。

首先，关注交往能力有助于消解青年"AI情感疏离"困境。"AI情感疏离"困境来源于青年的交往匮乏与交往不当。AI社会的特殊之处在于，年轻人不仅需要与他人进行交往，还需要与AI进行交互。但是，强调人机交互无法取代人人交往是必须进行的教育工作。当代青年在面临情感困境时，多借助 AI 寻求"电子玄学"，如"电子木鱼""电子锦鲤""赛博寺庙"等的帮助，未认识到"AI 算命"与"AI 树洞"等仅能充当安慰剂角色，唯有人与人之间面对面的、真实的交往才是根本解决之道。具体来说，交往能力的核心在于合作与沟通，而非无效内卷，在于承担责任，而非匿名逃避。

其次，强调创新能力有利于消解青年"AI 情感欺骗"困境。"AI 情感欺骗"困境的关键在于青年缺乏辨别力与批判力，因此创造能力尤其是批判性反思能力主张由"跟风"转向"批判"、由"固定"转向"成长"、由"因循"转向"想象"。1）批判是创新的必要准备。青年不应单纯将自身定位为海量信息的被动接收者，在获取他人观点的同时，应主动、充分利用情感的认知性这一特征，科学运用自身的批判性思维。2）成长心态是创造的有效法宝。当年轻人具备成长心态时，往往在学习与工作中展现出极大的毅力与激情，此种正向情感有助于增强青年的思维创造性，于兴趣中实现创新。3）想象是创造的核心策略。情感能力较强的年轻人具备更高的敏感性与更强的共鸣力，因此拥有更细致的洞察力与更生动的想象力，能够跳出传统的藩篱，创造出更加有深度且颠覆性的作品。

最后，提高适应能力有益于消解青年"AI 情感应激"困境。"AI 情感应激"困境源于 AI 快速化发展所带来的情感不适。AI 发展浪潮势不可挡，青年亟需适应多变、易变、巨变的 AI 社会环境，重点培养自身强大的抗压能力、灵活的调节能力与适度的自我认同能力。1）抗压能力能够使青年直面困境。AI 时代技术迅猛发展，新鲜事物层出不穷，时刻面临的陌生感、不确定性以及处处存在的攀比是青年压力的主要来源。2）调节能力有助于青年化解负面情感。"自我意识"是青年调节自身情感的关键，情感调节能力包含自我观察、理性分析、立即行动三个步骤，可大幅提升青年在AI时代的适应能力。3）自我认同能够使青年充满自信。当年轻人对自身认知较为清晰时，面对AI时代的突发困境，如失业、失败，往往会依据自身技能水平合理评估各项解决方案与应对策略，不神化他人、不贬低自己，相信自身能够消解各类困境、适应AI时代的发展。

—— 6 ——

结语：变革

无论如何，AI对当代教育工作的冲击已经彰显，对文科生教育的冲击尤其突出。智能革命以来，"文科无用论"的声音越来越响亮。实际上，在很多国家，如日本、美国等，均出现压缩文科教育的情况。对此，文科教育工作者不能像鸵鸟一样，将头埋在沙堆中，对AI带来的冲击避而不见。

人类需要人文，文科教育永远都少不了。事实上，不是文科真的无用，而是传统的文科教育暴露了很大的不适性，亟需变革。人是有惰性的，制度也是有惯性的，去除人的惰性和制度的惯性，直面AI冲击，坚决变革以适应冲击，而不要掩耳盗铃般龟缩到故纸堆中。

第 8 章

流行文化

美国科幻如何想象机器人？

众所周知，好莱坞喜欢拍摄科幻片，科幻是当代美国流行文化的重要样式。在最近 30 年美国的科幻文艺中，批评新科技的作品，即所谓科学敌托邦文艺更为流行。美国著名科幻作家艾萨克·阿西莫夫（Isaac Asimov）曾直言，当代美国科幻不是乌托邦的，而是反乌托邦的，或者说是敌托邦的。

　　美式科幻影视作品的主人翁，要么出身很复杂，比如是不知道自己真实身份的克隆人（《冲出克隆岛》）或者克隆人与人繁殖的第一个人（《银翼杀手 2049》），要么遇到罗曼蒂克的挫折，比如爱上机器人（《机械姬》）或人工智能（《她》），要么为生活于其中的社会制度感到深深的不安（《华氏 451》《高堡奇人》），要么干脆就是在一个即将毁灭或已经毁灭的世界中挣扎（如《我是传奇》《机器人瓦力》《9》）——所有这些痛苦，都指向新科技，尤其是 AI 的发展以及控制新科技的科学家、政客和狂人。

　　在美式科幻敌托邦文艺作品中，目前最流行的有三种：1）赛博朋克与机器朋克文艺，描绘机器、怪物和幻境横行的未来世界；2）极权乌托邦文艺，描绘以新科技尤其是机器人为手段的残酷等级制社会；3）AI 恐怖文艺，描绘机器人对人类的冷血统治。在这三种最火的科幻类型中，常常能发现智能机器人的身影。也就是说，机器人是美国科幻文艺最爱讨论的对象之一。

在科幻敌托邦想象中，如今很多美国人觉得机器人是能力强大的恐怖他者，最典型的形象是好莱坞科幻电影《终结者》中的终结者机器人。整个《终结者》系列电影的情节，粗略地说，是以躲避终结者的追杀为主线而展开的。为什么机器人会被很多美国人视为人类的威胁？美国人一直都很害怕机器人吗？究竟美国人是如何想象机器人的呢？回顾历史，美国人一开始并不觉得机器人可怕，而更多地将之想象为伺候人的机器奴仆。主流美式机器人想象经过了三个阶段，即从自动机向机器人、赛博格的逐渐演变，这与美国的科技发展和技术文化变化紧密相连。

—— 1 ——
人是机器，机器成人

机器人的概念，在西方由来有自。在古希腊神话中，有个活的青铜巨人塔罗斯，被称为"automaton"，即自动机。古希腊哲学家亚里士多德设想过自动弹拨乐器的自动机。当时，希腊人还认为，主神宙斯曾创造过四代金属人类，即黄金、白银、青铜、黑铁的人——按照今天的说法，这些都是非碳基、非硅基的智能生物。

到了十七八世纪，模仿生物行为的自动机械装置在西欧风靡一时。其中一些机器人，可以完成跳舞、奏乐和写字等人类行为。1769 年，匈牙利工程师沃尔夫冈·冯·坎普林（Wolfgang Von Kempelen）制造出著名的"土耳其机器人"。它是一台会下棋的自动机，曾在欧洲巡游，后被带往美国展览，甚至打败过聪明的本杰明·富兰克林。后来有人发现，土耳其机器人中藏着一个身材矮小的国际象棋手，实际上是他在与人下棋，机器本身并没有智能。如今，著名的众包网络平台亚马逊土耳其机器人（Amazon Mechanical Turk），名字包含着将人与机器的工作结合起来创造人工智能的意思，这与它分包许多图片标识之类的辅助人工智能（AI）工作很契合。就在最近，亚马逊的无人商店还高调宣传全 AI 运行，但实际上，它的背后有上千人的印度人团队在远程帮助运转，因为 70% 以上的购买行为需要人来识别和判断。

和欧洲一样，美国早期机器人想象，主要在"自动机"概念下进行，围绕人与机器有何区别的问题展开，这与当时的哲学和宗教讨论关系紧密。当时，不少西方哲学家将人体类比为机械。比如，心脏相当于一台水泵，肺相当于风箱，手臂相当于杠杆，眼睛相当于暗箱。其中，以笛卡尔在 17 世纪早期提出的身心二元论尤为著名。他认为，人是物质性的肉体与精神性的灵魂的二元复合，而肉体是上帝创造的机械装置，灵魂则操纵着肉体机器。随着牛顿的机械力学权威的确立，机械论哲学开始流行，越来越多的人相信，人与机器都遵循同样的物理定律，而人的心灵多少也是机械性的。其中最极端的观点由机械唯物主义者拉美特利在《人是机器》一书中表达：从根本上说，人就是机器，人与机器没有区别。

在十七八世纪的美国，人们常常拿宇宙、国家、社会和人体与自动机比较。一些人认为，宇宙像精密的钟表，人是完美的自动机，均彰显造物主的伟大智慧。不过，也有一些思想家反对类似的机械比喻，理由主要有两个：第一，将人比喻为机器，会破坏人的道德观念，因为既然人是被操纵的机器，就谈不上为自己的行为负道德责任；第二，将人比喻为机器，会破坏人的基督教信仰，因为人是上帝设计好的机器，他的行为可能是上帝的安排，就谈不上末日审判、神的奖惩。

后来，随着科学上"活力论思想"和文学上"浪漫主义"的兴起，质疑极端机械论的人越来越多，他们希望给人类留出超越机器的精神性空间。到了18世纪下半叶，美国的自动机形象发生了反转，即自动机不再是代表上帝智慧的精密机器，而是一个没有灵魂、没有自主意识，如行尸走肉般的人。

自此之后，美国人的机器人想象一直呈现出两个相互纠缠的维度，即机器的人化和人的机器化，或人形机器和机器人形。前者讨论的是机器的智能化、自动化问题，与机器人取代人类劳动相连；后者讨论的是人在社会压迫之下日益失去自由的问题，与社会制度的安排和变革相连。

—— 2 ——

自动机有种族歧视烙印

18世纪晚期，美国人的自动机想象呈现出某种可悲、可怜的气质，折射出当时美国社会等级制度中的种族主义观念，即美国白人对其他族裔，尤其是黑人、印第安人和亚裔的歧视。彼时，美国社会主流群体认为，边缘种族不具备与白人同等的理性，和自动机差不多，所以就应该被白人控制和统治。

1788年，艺名"法尔科尼先生"的美国魔术师，举办了一场名为"机械印第安人"的表演。表演者是真正的印第安人，但被魔术师要求装扮成一台自动机，执行台下观众的任何指令，比如向舞台上的某个数字射箭。这是一场明显带有种族歧视意味的演出，即印第安人是没有灵魂的自动机，观众是它的灵魂，可以驯服印第安人及其暴力、野蛮的行为。

到了19世纪，嘲讽有色人种的自动机形象经常出现在美国文化中，宣扬美国社会中的白人至上观念。在自动机巡演中，会下棋的自动机取的多为"土耳其人""阿吉布"等有色人种名字。1868年，爱德华·埃利斯（Edward S.ellis）的畅销小说《巨型猎手》（或《大草原上的蒸汽人》）讲述了一个天才白人男孩操纵一个蒸汽人在美国西部冒险的故事。蒸汽人脸庞漆黑，还叼着一根烟斗，一看就知道是在夸张地模仿黑人和犹太人。

在第二次世界大战前后，从西屋公司的两款著名机器人身上，仍然可以看到美国机器人文化中的种族刻板印象。一款是1930年推出的黑人男孩样貌的机器人Rastus，使用者可以用手中的遥控器，让它执行扫地、开灯等任务；另一款是1939年在纽约"明日世界"世博会上展出的Electro，样貌是一个高大的白人男性。与Rastus

恭顺的奴仆形象完全不同，Electro 能做的是抽烟、聊天，甚至会讲黄色笑话。即 Rastus 像个黑奴，而 Electro 像个白人花花公子。

因此，早期的美国机器人想象总在突出人优越于自动机，而白种男人优越于女人和有色人种，充满了种族歧视和性别歧视的意味。美国内战废止了奴隶制，而自动机又使之在观念中复活了。直到今天，奴隶机器人的形象在美国仍深入人心。有人批评说，当代美国科幻文艺作品中的许多机器人形象仍然是在使用"明日"的机器人"重新发明""昨日"的奴隶。

—— 3 ——
Robot：机器劳工

到了 20 世纪，美国的机器人想象开始围绕"Robot"，即机器人展开，并使它取代了自动机的位置。Robot 这个词是 1921 年捷克剧作家卡雷尔·恰佩克（Karel Capek）在《罗素姆的万能机器人》中杜撰出来的。第二年，该剧在纽约上演，一炮而红，Robot 一词很快在美国和西欧流行开来。它源自捷克语的"农奴"和"苦役"，意思大约是"机器劳工"。

在自动机概念下，美国人关注人与机器的区别。而在机器人概念下，美国人开始思考机器的异化，即机器不再是温顺的奴仆，而可能威胁人类、奴役人类。这与 20 世纪初年，美国社会对技术异化的普遍焦虑密不可分。

智能革命后的世界

1910 年前后，福特改进流水线装配工艺，高度细分工人劳动，统一通用的标准零部件，制造与分工细化相适应的单一功能机器。福特的流水线极大地提高了制造业的生产效率，也极大地降低了工作的创造性和产品的多样性，使得工人劳动日益单调、机械和去技能化。

在同一时期，弗雷德里克·泰勒（Frederick Taylor）提出科学管理理论，与其门徒一起在美国掀起改造工厂组织形式的科学管理运动。他建议工厂使用标准化的机器进行生产，用定额计件工资制支付工人报酬。他还聘请工程师，对工人劳动过程进行测量，通过工时研究消除不必要的劳动动作，简化工人的劳动步骤，以最大限度地提高劳动效率。

除了改造工厂之外，科学管理运动尝试将科学管理原则引入政府和教育机构，这对美国文化影响深远，使得效率观念在美国深入人心，因而又被称为"效率管理运动"。不过，也有不少美国人担心提高效率变成目的本身，而不是造福社会的手段。比如，科学管理运动把工人变成机器的零件，他们完全按照机器的节奏活动，最后自由的公民成了自动劳动机器，而机器反而成了奴役人的"活的机器"。

在《罗素姆的万能机器人》中，机器人就是"活的"。它并不是纯粹的机械，而是生物工程制造出的低配版人类：它只具有劳动所需的人体功能，劳动之外的其他功能对它来说都是多余的。显然，这是对福特流水线和泰勒式工厂中的工人状况的类比和讽刺。最后，机器人不甘于自己的命运，发动叛乱，灭绝了人类。有人认为，《罗素姆的万能机器人》在影射：不堪忍受剥削的工人迟早会发动推翻资产阶级统治的无产阶级革命。

1927年，著名的科幻电影《大都会》上映，同样从阶级视角看待机器对人的压迫。在电影中，少数特权阶级生活在幸福快乐的天堂中，而大多数劳动者生活在暗无天日的地狱中。随着二元体系紧张关系的不断加剧，各种危机接踵而至，比如机器发生故障、工人反抗压迫等。最后，在女主角的调解之下，特权阶级与劳动人民的关系得到缓和，避免了更大的灾难和社会的崩溃。

这两部作品都说明：Robot 不像 automation 那么顺从，而是有想法的、有脾气的、有意志的，面对人类压迫迟早会奋起反抗的主体。这是美式机器人想象与美式自动机想象最显著的不同之处。

—— 4 ——
满足消费的机器人

在美国的机器人想象中，阶级叙事并未成为主流。一方面因为美国资本家对工人革命尤为恐惧，给工人运动和工会组织更多的容忍和让步，使美国劳工对流水线工作的接受程度也比欧洲人更高；另一方面更为重要，在 20 世纪的前半叶，大多数美国人相信技术进步能造福社会，机器人能生产更多更好的商品和服务，有利于消费社会潜能的挖掘。

19世纪末20世纪初，美国开始进入快速上升期，科技水平迅速提高，经济实力在20年代超过英国。在此过程中，进步主义、实用主义和社会达尔文主义思潮在美国兴起，美国人开始相信人类进步依赖于民主与科学的组合，对将科学技术应用于社会治理和公共事务持欢迎态度，这正是技治主义在欧洲产生却大兴于美国，并在20世纪三四十年代率先掀起实践技治主义在北美的技术统治论运动（American Technocracy Movement）的重要原因。彼时，大多数美国人支持现代科技发展，相信机器能带来物质财富，保证美国在经济、军事上独立并超过欧洲。这在作家亨利·乔治（Henry George）的《进步与贫困》和爱德华·贝拉米（Eduard Bellamy）的《回顾：公元2000—1887年》的畅销，以及轧棉机的发明者爱丽·惠特尼（Eli Whitney）和蒸汽船的发明者罗伯特·富尔顿（Robert Fulton）视为美国的民族英雄中得到佐证。

　　在主流的技术乐观主义影响下，当时许多美国人认为，机器人取代人类劳动对社会发展有好处。1910年，爱迪生设想出使用机器取代店员的"无人商店"，认为这会降低商品价格，提高人们的生活质量。机器的大规模使用，使得当时的生产效率不断提高，工人们的劳动时间缩短，工资却提高了。据统计，美国工人的劳动时间从1900年的每周60小时下降到1920年的每周50小时以下，但平均工资却从每年435元增加到568元。

　　当机器人想象与美式消费主义相结合，机器人就不再是反叛者，而是成为被消费主义逻辑驯服的、满足人类消费欲望的消费机器。20 世纪 30 年代，新兴的遥控技术出现，美国工程师制造出能被消费者便捷控制的机器人。在西屋公司的机器人广告中，遥控者多是女人，暗示柔弱如女人，亦能轻易控制强壮的机器人。

在 1956 年的科幻电影《禁忌星球》中，机器人罗比是一位无所不能的机器助手。罗比遵循永不伤害人类的程序设置，不辞劳苦地保护女主角。它并非普通的奴仆，而是具有消费主义的超能力，随时可以从胸腔中取出主人需要的消费品，如红酒、珠宝、衣服，甚至别墅……想要什么有什么，简直是万能消费机器。与自动机奴仆想象引发人机区别的思考不同，机器人助手想象完全为了满足人的感官欲望和消费欲望。

按照哈贝马斯的补偿理论，即晚期资本主义用消费主义生活掩盖资本家对工人的压迫，机器人助手想象也是资本主义的遮羞布之一，消解了 Robot 与无产阶级革命之间的关联。当然，从反叛者转变为生活助手，提高了美国主流社会对机器人的接受程度。在美国，Robot 从此更多地意味着人形的机器，而不是被机器化的工人。

—— 5 ——

美式赛博格，正强势崛起

第二次世界大战之后，西方社会普遍反思了世界大战的悲惨过程，美国民众开始怀疑科学与民主是自然同盟的假设，要求认真思考科学和科学家在民主政治中的地位问题。以艾森豪威尔的告别演讲为标志——他提出要警惕科学与军工的共谋——人们开始怀疑科学发展能否与美式代议制政府兼容。这与当时更大的文化、思想背景有关，即美欧学界对包括理性与自由政府结盟等各种启蒙信念产生了怀疑，质疑现代科技的情绪在美国民众中开始滋生。

20世纪60年代以来，敌视新科技的态度在好莱坞科幻文艺中逐渐占据上风。在此背景下，人与机器融合的"赛博格"（cyborg）观念出现，成为美国机器人想象的又一核心概念。自动机想象和机器人想象都强调人与机器的二元对立，而赛博格想象反对人机二元论，主张人与机器的统一。

早在20世纪四五十年代，行为主义心理学在美国占据主流，统一人与机器的想法在科幻文艺界开始出现。在著名的亚当·林克系列小说中，主角亚当是一个金属制造的人形机器人，可是似乎拥有人性，甚至被授予了美国公民身份。亚当的制造者林克博士认为，"心灵是由环境塑造的一种电现象"，既然亚当经历了和人一样的社会训练，那他当然有人性。这是典型的行为主义心理观念。

行为主义心理学认为，人的行为是心理学唯一的研究对象，与其他有机体行为一样，都是某种刺激—反应活动，而所谓人的习惯或个性不过是某种稳定的刺激—反应模式，均是由外界环境刺激产生的结果。在行为主义者看来，"灵魂""意志""心灵"都是不科学的形而上学概念。由此，行为主义在行为层面打破了人与非人之间的界限，为人与机器的融合开辟了道路。

不过，赛博格的提出其实与控制论的兴起有直接关系。控制论兴起于两次世界大战中有关自动反馈型机器领域的军事科技创新活动，比如自动追踪雷达、制导鱼雷或导弹等。此类军事机器，可以根据环境信息变化及时调整自身的行为，仿佛拥有如有机体一般的刺激—反馈能力。"赛博格"一词提出后，没过多久就在美国的流行文化中传播开来。一些人认为，未来必然属于赛博格，也应该属于赛博格，这些人常常被划为后人类主义者。在一些后人类主义者看来，人类赛博格化的旅程早已经开启。对此，在著名的《赛博格宣言》中，后人类学家唐娜·哈拉维（Donna Haraway）解释说：

> 多少世纪以来，我们一直在不断制造出各种机器以代替我们的双手、双脚、耳朵、眼睛、舌头，及至大脑。而时至今日，我们已经从制造机器，进而演变成寄生于机器当中，机器已经成为任何一个普通人肢体的延伸——或者是人成为机器上的一个组件——或者他们都是赛博格身体上的器官。来自上帝之手的人体已经和来自人类之手的机器拼接在一起。

也就是说，所谓"人类""身体"并非从古至今一成不变，而是被社会和技术不断改造的。20世纪八九十年代以来，手机、个人电脑和网络进入绝大多数的美国家庭，美国人与机器之间的关系变得前所未有的亲密。新科技渗透至美国人的日常生活中，对现实世界的感知、对自身的身份认同、与他人之间的交往关系，均随之改变。

在后人类主义者看来，人类与技术成为不可分割的整体，人类的身体成为可以操纵的赛博格，即一个渗透了各种技术的肉体，比如现实中植入耳蜗的听障人士，科幻作品中被机械改造的人类、仿生人等。此时，传统的人类概念已经不能描述未来人类的状况，因为人类即将发展到所谓"后人类"（posthuman）的新阶段。

因此，后人类研究关注新科技对人类身体的改造，因此问"赛博格是人还是机器"之类的问题完全没有意义，因为人类一直是被建构出来的，一直游走于"纯生物"与"纯机器"之间。在赛博格想象中，未来人类与机器人相融合，身体与机器、人类实体与计算机虚拟之间并没有实质性不同。

—— 6 ——

人与机器大融合

20世纪90年代以来，美国的赛博格想象主要分为两类：1）科技超人，即经高科技改造而身体机能加强的人类；2）仿生人，即电子机械人，外表与人类相同。

那些能力超强的科技超人，一般被想象为赛博格助手，随时响应人类的召唤。比如，科幻电影《机械战警》中的赛博格警察墨菲，漫威电影中的钢铁侠，都是人类与智能机器的完美融合。正是因为科技超人的超能力，美国人认为它们可以服务于追求社会公平和消除压迫犯罪。

在当代公民权利运动中，美国的女性和有色人种等权利受压制的群体认为，通过与技术结合成为赛博格，弱势群体和边缘人群的能力和地位可以得到提升。上面提到的后人类主义者哈拉维也是一位女权主义哲学家，力主走向赛博格而打破人与动物、人与机器、物理与非物理、男性与女性等二元论边界，认为二元论正是长期以来"统治女性、有色人种、自然、工人、动物的逻辑和实践"。

在科技超人想象中，赛博格哪些身体部件是生物的，哪些是人工的，仍然很清楚。而在仿生人想象中，人与机器的二分法被进一步消除，人与仿生人难以区分。在1982年的科幻电影《银翼杀手》中，银翼杀手德卡明知瑞秋是仿生人，仍然与她坠入爱河。电影结局的独角兽意象暗示，德卡同样是一个复制人，但他自己并不知道自己的复制人身份。在1991年的电影《终结者2》中，男主角约翰成功为仿生人 T-800 注入了人性，甚至让母亲莎拉认为 T-800 可以充当一个合格的丈夫。在2004年的美国科幻剧《太空堡垒卡拉迪加》中，四个重要角色发现自己实际上是仿生的"赛昂人"，但他们在商量之后，决定隐瞒身份，继续在人类殖民舰队中为人类服务。

美国科幻文艺中的赛博格形象，反映当代人类的身份认同是不连续的，即仿生人虽然本质是机器，但只要行为表现足够人性，就可以得到与常人一样的对待。它们大多具有行为主义的观念，即人与机器本质上没有任何不同。

—— 7 ——
美国科技观的流变

机器人想象当然与新科技的进展有关，但它与技术的关联不如与当时的社会主流价值观、人们普遍关注的社会问题，以及流行的人格结构、文化观念（包括科技观）的关联大。特别是美国人心目中机器人形象的变化与美国人对科技与进步关系认识的变化完全吻合，并与美国人对机器人想象的三阶段相对应，美国人主流的科技观也发生过两次重要的转变。

众所周知，北美殖民地建立和美国立国与宗教冲突关系极大。国内的美国研究者常常忘记这一点，只强调民主和科学对于美国的重要性。实际上，美国的宗教氛围历来非常浓厚，以至于至今还有很多美国人主张学校教授神创论，而在新冠疫情期间，大家发现反智主义在美国很流行。总的来说，基督教与现代科技的关系很复杂：一方面，宗教强调信仰，与科学有组织的怀疑精神有冲突，而另一方面，科学社会学家罗伯特·金·家默顿（Robert K.Merton）在《17世纪英格兰的科学、技术与社会》中有力地说明了清教伦理与现代科学的兴起正相关。也就是说，在强大的基督教传统下，科技要为宗教服务，服务得好能得到发展，服务得不好就会被阻碍。因此，早期美国人的主流科技观是二元的，既有支持科技发展的一面，也有阻碍科技发展的一面。

19世纪末20世纪初，美国GDP超过英国跃居世界第一，乐观气氛笼罩着整个社会。当时，科学主义思潮在北美非常流行，科学被认为是美式民主的有力帮手而受到推崇。这是美国主流科技观的第一次大转变。而两次世界大战之后，越来越多的美国人谴责现代科技成为战争的帮凶，是屠杀无辜平民的刽子手，质疑它更可能为独裁者和专制政府所利用，沦为威胁和破坏民主的极权工具。这是美国主流科技观的第二次大转变，也是导致如今好莱坞科幻文艺敌托邦居多的原因。

与此形成鲜明对比的是，第二次世界大战之后，苏联主流思想对于将现代科技用于政治领域非常乐观，认为共产主义体制是唯一能让政治建基于科学方法的社会制度。关于这一点，作为当代科学乌托邦写作的最典型代表、美苏科幻小说基本旨趣的差异可以作为佐证：苏联科幻多为进步幸福的乌托邦式的，而美欧科幻多为专制暴政的敌托邦式的。在苏联作家A.托尔斯泰的科幻小说中，苏联红军甚至借助火箭登上火星，通过革命推翻了火星女王的暴政，解放了火星人民，并传播了马克思主义。

但是无论如何，重视科技一直是美国文化最重要的一面，技术发展也一直是美国梦的重要支撑力量，即所谓美式技术解决方案。在很多思想家看来，美国是科技之国——无论是爱是恨，美国人都为新科技魂牵梦萦——新科技是美国力量和美国梦最根本的支撑和底色。比如，美国历史学家丹尼尔·布尔斯廷（Daniel J·Boorstin）认为美国是"技术的共和国"，而美国经济学家约翰·肯尼思·加尔布雷思（John Kenneth Galbraith）的《新工业国》大谈现代科技对美国的影响。因为文学是人类认识自己的主要方式，科幻文学就成为美国当代文学，尤其是流行文化的重要形式。实际上，科幻文化的黄金时代，滥觞于第二次世界大战之后的美国，而今天盛极一时科幻影视作品也是从美国的好莱坞走向全世界的。

—— 8 ——

结语：传播

从历史上看，美国的机器人想象，先后主要围绕自动机、机器人和赛博格三个概念展开。这并不是说它们之间是彼此完全取代的关系。这三个机器人主题，今天在美国文化中各有拥趸。随着机器人想象的演变，人形机器与机器人形的张力始终存在，拉扯着美国的机器人文化。赛博格想象模糊了人机界限，二元论开始崩溃。可以看出，美式机器人想象的发展，深受美国文化尤其是科技观变化的影响，体现了美国社会和美国生活的特点，反映着美国人理解人、理解他者的主流观念。而机器人科幻文艺可以说是美国人认识自身的重要方式。

今天，美国成为世界科技中心之一。随着美式文化强势传播，美国人对机器人的想象辐射全球，对全球的机器人观念和机器人文化影响巨大。比如，前述忠实的机器人助手罗比，20 世纪中叶在许多国家尤其是日本大为流行，向全世界人民展示了机器人蕴含的无限可能。在中国，20 世纪与 21 世纪之交流行的《黑客帝国》《终结者》《星球大战》等好莱坞科幻电影，极大地影响了中国流行文化对机器人和 AI 的认知。可以说，美国机器人想象极大地形塑了全球机器人文化，成为美国文化软实力的重要组成部分，亦是美式价值观输出的重要载体。

第 9 章

知识

后真相时代，真理有什么意义？

近年来，生成式人工智能（GAI）突飞猛进，大家担心网上会充斥更多的虚假信息。为什么呢？"生成式"指的正是 GAI 不仅能简单地复制、粘贴和传输赛博空间中的已有内容，而且能按照自身的逻辑主动生成某些内容，即人工智能生成内容（AIGC）。深度学习实现的 AI 生成逻辑，并非如实反映真实世界，而是根据某种统计学定律输出的数字内容。

以 2024 年大火的 AI 视频生成工具 Sora 为例。它的主要功能包括：1）根据文字提示生成视频。输入一段文字，Sora 会给你"翻译"成短视频。2）静态图片生成视频。给它一张照片，Sora 会让它动起来。3）对视频进行填充和扩充。有缺失的视频，Sora 会根据内容，将前后衔接起来。视频有点短的，Sora 会依据情节添加一段。目前已经可以预计，各种不同用途的 Sora 短视频，很快就会充斥各类视频社交平台。但是，不管 Sora 是否"理解"世界，也不管 Sora 视频有多么逼真，它们始终是数字模拟，而不是拍摄的真实现实。常言道：眼见为实，耳听为虚。在被 AI 短视频建构的世界中，显然不能将眼睛看到的东西作为判断依据了。因此，Sora 将进一步加剧智能社会的后真相状况，长此以往，未来真实与虚假的边界将进一步模糊，甚至可能完全被消解。

从专业生成，到用户、AI 生成

互联网空间充斥着海量的多媒体内容，并且还在爆炸性地增长。从生成方式来看，互联网内容发展经历从 PGC、UGC 到 AIGC 不断增值的过程。所谓 PGC 是专业生产内容（Professional Generated Content），UGC 是用户生产内容（User Generated Content），而 AIGC 是 AI 生产内容（AI Generated Content）。

PGC 是专业公司和专业人员制作的文本、链接、音频、视频等内容，在互联网早期的门户网站阶段占互联网内容的主要部分。在互联网知识领域，PGC 主要是将传统的专业知识数字化，上传到网上加速其传播，从而极大地降低知识传播和获取的成本。后来，社交媒体、论坛、博客、电商平台和自媒体等兴起，越来越多的用户将个人原创的内容上传到平台。因为 UGC 用户参与度高、内容多元化和传播效果好，逐渐成为目前赛博空间内容的主流。比如，在各种电商平台上，顾客留下大量的评价文字、图片和短视频，对商品的认知度和影响力提升非常重要，因而商家对于顾客评价都非常重视，平台也通过各种奖励方式鼓励顾客上传 UGC。

UGC 的兴起，改变了互联网知识状况，激发出广大网友的巨大创造力，展示出知识生产去中心化的可能性，即知识生产不一定完全被高校和研究机构所完全把持。其中，最著名的例子当属 2001 年创建的维基百科，它的目标是"向全人类提供自由的百科全书"。维基百科破除了由少数专家制定条目、撰写百科全书的传统，将知识的编辑权交给公众，由民众决定何为知识，大家共同记录、相互校对、不断修订。此后，各类百科网站不断涌现，成为当代社会重要的知识获取渠道。

不久，一些网络文学创作者借鉴了维基百科的编纂形式，尝试更多全新的集体文学书写。2007 年，一位网名为"Moto42"的网友，在 4chan 论坛发布帖子，以档案报告形式虚构了一只危险的不明生物。超出作者预料的是，这段"一本正经地胡说八道"的文字，引发网友们的模仿热潮，创作了大量后续作品。为更好地收录、索引优秀作品，一些创作者为之建立维基站，并持续运作至今。这就是著名的"SCP 基金会"。网上是如此介绍它的：

> SCP 基金会（SCP Foundation）是以一个怪诞科幻类架空世界为主题的网络共创文集。其核心设定"SCP 基金会"是一个虚构的神秘组织，不受任何国家或组织管辖，目标为收容和控制世界上的异常现象、事件、个体等等（统称为"收容物"），以此在暗中保护着这个世界。其全称 Special Containment Procedures（异常事物应对）也被进一步引申为组织行动宗旨："控制（Secure），收容（Contain），保护（Protect）"。每个收容物都会有一个对应的编号（如 SCP-XXXX），文集即是以这样一种编号档案的形式不断扩展，并以一种类似维基百科的方式开放编撰。

与之前的网络小说接龙不同，"SCP 基金会"的众多撰写者相互并不认识。在 SCP，人们以一种共同约定的形式与风格进行创作，所有创作者亦是评论员，可以对新词条进行打分评价，以此决定该词条在作品集中的去留。很快，宽松的条例激发了包括小说、游戏、动画、音频等大量的二次创作，影响力越来越大。

当然，UGC 不断涌现，也产生了不少问题。首先，用户水平参差不齐，创作质量无法保证。其次，UGC 平台去中心化，导致管理薄弱，从而引发各种矛盾。最后，一些用户恶意上传谎言、谬误，以及一些粗俗、色情乃至极端的、违法言论，引发诸多伦理和法律问题。

随着深度伪造（Deepfake）、ChatGPT、Sora 等 AI 内容生成工具走向成熟，可以预计，AI 自动生成的 AIGC 很快会成为互联网空间中的重要内容。比如，Sora 的功能并非首创，很多其他工具可以在不同程度上实现。不过，它们的生成效果差强人意，很容易出现错误。而 Sora 则将生成视频的质量提升了一大步。很多 Sora 视频的效果几乎和人工拍摄的不相上下。因此，Sora 虽不是从 0 到 1 的原始创新，却让大家非常震惊，很快就被用于目前火爆的短视频生产中。有人甚至估计，因为 AIGC 生产迅速、成本低廉且质量很高，很快就会占据互联网的绝大部分内容。

GAI 已经广泛应用于社交、娱乐、新闻、机器人、虚拟人和知识生产等各个领域。也就是说，AIGC 并不仅是一种娱乐工具，而且是全面参与人类生产信息的各个环节，其中一些被大家视为事实、新闻和知识。实际上，AI与科研结合催生的所谓"人工智能驱动的科学研究"（AI for Science，AI4S），已经成为热门的AI应用领域。比如，DeepMind公司2017年推出的AIphaFold蛋白质折叠预测大模型，2020年底在国际蛋白质结构预测比赛中夺得桂冠，有望推动相关医学领域的进步。再比如，已经有人用ChatGPT帮助写学术论文，也有些杂志表示愿意接受和发表这样的论文。总之，视其所应用的领域，AIGC会获得不同的身份：用于资料收集，被视为是数据、事实或史料；用于新闻写作，被视为是新闻真相；用于科研，则被视为是新形式的知识。

—— 2 ——
赛博世界，随时反转

网上虚假信息泛滥，一直让人诟病，AIGC的兴起使情况更是雪上加霜，因为AI根本没有真假的概念，更没有谁要求它输出的内容必须与真实的世界相符合。长久以来，网络水军肆虐，各种谣言、阴谋论层出不穷，键盘侠满地皆是，上来就站队、开怼、开骂，毫无根据地"灌水"，完全没有耐心也不想搞清楚真相是什么，"干就完了"。于是，网上的消息不断反转，时常比电视上肥皂剧的剧情还离谱。现在有了GAI工具，开启不拿工资、二十四小时不眠不休的AI水军模式，真相将更加难以寻觅。

此种状况，有人总结为"后真相状况"。什么是后真相呢？它是《牛津词典》2016 年评选出的年度词汇，由于对时代精神的某种把握，很快流行于世。什么时代精神呢？即当代人的思想、舆论和文化越来越忽视所谓客观事实，在思考问题、处理问题、评价问题时，越来越诉诸个人的情绪、情感、信仰和成见。如果对当代社会有所思考，你就会发现"后真相"已经成为智能社会的显著特征。

在网上待久了，人们网下的生活也变得迷迷糊糊，常常会将现实与虚拟混淆。比如，一些明星、网红在网上巧立"人设"，但他们原本的模样根本不是这样。他们每天都在表演，想方设法防止"人设塌方"，或者思考"塌方"之后如何"苟下去"。再比如，传统政治重视真相，即使伪造真相，政治家也要证明自己站在真相这一边。现在可好，在当今西方社会，真相对于政治活动的重要性不大了。政治辩论着眼于挑动观众／选民的情绪，与施政方案完全脱离。对此，美国传播学家尼尔·波兹曼（Neil Postman）讽刺说，现在美国政客的能力是化妆术，而不是政治智慧，竞选已经变成谁更上镜的选秀活动。因此，"我们生活在一个'后事实世界'，几乎所有权威信息来源都受到质量和出处皆十分可疑的相反事实的调整，那么骗子将没有任何理由感到羞耻"。

显然，后真相的世界以智能技术为基础。在信息社会到来之前，真相与假相相互混淆，拨开谬误找到真理也不容易。智能技术的广泛应用，大大增加寻求真相的难度，真相与后真相的距离越来越大。典型的比如 2017 年出现的深度伪造（Deepfake）技术，也称为深度合成（Deep Synthesis）技术，专门生成虚假的语言、照片和视频。其中，最常见的应用方式——AI换脸技术，可以随意改变照片和视频中的人脸，高度逼真，仅凭借肉眼难以甄别。在俄乌战争中，Deepfake甚至被用作"新型武器"，发布了乌克兰总统泽连斯基的虚假视频，逼得乌克兰国防部不得不专门辟谣。

2014年，美联社就开始使用AI帮助报道，比如AI为财经报道处理财务报告，为体育新闻处理比赛得分和比赛笔记。可以说，至此，AI在新闻媒体中的使用开始改变舆论环境。在未来智能社会中，新闻写作越来越依赖于数据，记者从新闻信息采集者逐渐转变成数据管理者和分析者。因此，媒体对复杂新闻事件的理解很可能越来越肤浅，公众从媒体报道中则什么也了解不到。

更有甚者，美国学者弗兰克·霍夫曼（Frank Hoffman）提出混合战争理论，主张AI时代物理战争要与信息战争混合起来进行。一些人扩展了信息战的概念，将之理解为争夺公众思想控制权的信息斗争，认为它不仅仅发生在战争期间，和平时期也将无时不在。和平时期的信息战是通过控制和操纵信息趋势，散布虚假消息，贬低对手形象，借以削弱对手的力量。最近二十年的美国大选，被一些人认为是信息战的战场：谣言四起，假消息、阴谋论盛行，各大媒体完全成为党派斗争的工具，完全忘记了客观报道的传统职业操守。

为应对后真相状况，一些媒体人开始重新强调新闻专业主义。传统的新闻专业主义认为，新闻要客观公正地报道事实真相，尤其是面对权威，如国家权威、多数人权威和大公司权威等，必须毫不妥协地坚持某种专业的程序和规范。但是，越来越多人指出，新闻不等于科学研究，必然会有立场、有偏见。比如，媒介生态学派认为，传媒技术的特征决定新闻报道的内在结构与意识形态。于是，近来有人发展了新闻专业主义，提出所谓"新新闻主义"，认为既然立场不可避免，记者应该在新闻报道中，将自己的立场（如支持美国民主党而非共和党）和盘托出，让读者自行解读。总之，新闻专业主义和新新闻主义都认为，真相是新闻工作的第一追求，但区别在于：新闻专业主义者认为寻找真相应由记者完成，而新新闻主义者认为它应由记者和读者共同完成。

随着 AI 时代的发展，越来越多的网友知道上网找不到真相，浏览新闻也不再是或者不完全是为寻找真相，而纯粹是为了娱乐或者宣泄情绪。当 AIGC 占据网络内容的绝大部分后，新闻真假问题就彻底消解了，加上受众放弃区别真假，新闻报道可能彻底鸡汤化、猎奇化和流量化，写作风格越来越像"小作文""故事会"。面对如此的新闻，读者会怀疑是某种势力在操纵网上舆论，或者直接认定为假新闻，或者干脆因为"不好玩"连看都不看。

因此，已有偏激的人高呼：新闻已死！当然，这种观点过于悲观。按照马克思主义原理，新闻报道属于意识形态，所谓新闻真相是附寄于意识形态要求之下的。新闻写作不等于科学探究，新闻报道也不等于客观知识，要从其中发掘真相肯定要经过一番努力。AIGC 使得真相挖掘变得更困难，但并没有改变新闻意识形态性的本质。

—— 3 ——
知识"下流"，人类变蠢

显然，AIGC 正开始改变人类知识的生产状况。首先，以往知识由人类所创造，AI 介入知识生产，出现不由人类创造的"无主体知识"。但没有人的参与，如何保证 AIGC 的正确性和真实性？其次，AIGC 极大扩展了知识和真理的范围，各种生成信息、资料汇编、攻略方案等，只要有用处，都可以看成是需要掌握的知识。比如，如何从纷繁复杂的网络中找到所需的信息，已经成了科研工作者必须掌握的某种知识或技能。互联网时代就出现了知识冗余症，AI 时代这种症状将更加严重。最后，"知行合一"的时代到来：行动需要知识的指导。知识需要指导行动证明自身价值，而行动需要知识来指明自身前进的方向。今天的知识不再是停留在纸面上的死文字，而必须与现实的某个方面关联起来，对社会福祉的增进有所助益。无论是在头脑、图书馆、书籍中，还是在磁盘和网络中，任何被保存的数据均不能直接称之为知识，只有当某些观念开始导致某种行动，自启动的那一刻，知识才真正"成为知识"。相反，今天的人们不再因为某种观念自诩真理就加以关注，完全没有社会效益的知识在 AIGC 时代会被人们抛弃，不再有人学习和发展，因此逃不过最终消亡的命运。也就是说，各种知识想要"生存下去"，必须"走向"真实的社会生活中，被人们当作真正的知识。这就是我所谓"行动中的密涅瓦"的深意：密涅瓦是智慧女神，在 AIGC 时代也要和行动结合起来，否则可能因为百无一用而被剥夺"智慧王冠"。

实际上，知识过剩现象并非计算机出现后才出现。1658 年，学者柏里特便有过此类担心："我们有理由担心，书籍以一种惊人的方式大量增加，将会使得接下来的几个世纪，变得如罗马帝国陷落之后的那些时代一样野蛮。"书籍太多，什么乱七八糟的东西都被写在书里，甚至让许多糟粕、异端和怪力乱神流传于世，会搞乱后世的思想，降低后人的品味。但是，知识过剩问题被广泛讨论，与 20 世纪下半叶电视、电话、电报、收音机等电子通讯设备被广泛应用有关。传播学家波兹曼认为，每家每户买电视、看电视，现代人沉迷其中，每天接受大量过量的信息，结果患上"信息艾滋病"。信息科技尤其是互联网的兴起，导致普遍的信息泛滥或过载。此时，问题不再是社会缺乏知识，也不仅是信息和知识太多，而是它们不断萦绕在人们心间，使大家都不得安宁。AI 时代不得不用搜索引擎解决知识过剩的问题：一是在信息汪洋大海中找出相关知识，二是按照某种逻辑给它们排个序。但是，搜索引擎又导致其他新问题。比如，在搜索引擎网页中，人们一般只浏览前几页的信息，以此节省时间精力。但是，排在前面的很可能并非最值得信赖的信息，而是付钱最多的商业"软文"，结果浏览者被误导。

在智能社会中，人类知识带来的好处与它导致的麻烦，开始处于某种相峙状态。可以预料，未来AIGC肯定会加重"知识的银屑病"，甚至将人类封闭在唯心主义的观念镜像世界。从本质上说，AIGC生成的知识并非研究真实世界得来，而是对网上既有的各种信息的总结和归纳。GAI工具如ChatGPT的能力，归根结底是对网上海量语料信息的学习而得来的，投喂给它的语料的质量高低决定了它能力的高低。它的表达很"有人味儿"，主要是因为它拥有看到一个词就能预测下一个词的词语关联能力，这种能力主要是从海量数据中统计两个词的关联概率而获得的。对于相同的问题，ChatGPT每次输出的答案会有所差别，但大致均为网上主要意见和观点的归纳和综合。也就是说，它并不创造新知识，只是重复已有的东西。所以，语言学家乔姆斯基认为，ChatGPT不过是个高科技抄袭工具。如果问题在网上找不到答案，ChatGPT可能会一本正经地胡说八道，此即所谓"幻觉问题"或"随机鹦鹉问题"。因此，过于依赖AIGC，基本上等于不断重复已有观念，结果会是自我封闭而不是突破创新。

因此，对于知识生产而言，AIGC的问题不止于信息泛滥或过载，更重要的是导致"知识的下流"，即知识生产的质量越来越差。可以说，AIGC是科学哲学家卡尔·波普所谓"世界3"的典型，可能成为自我封闭的某种自生成、自循环知识空间。它与物理世界即"世界1"关系越来越疏远，在语言中自我指涉、自我滋生，越来越低级、平庸、虚伪。AI知识的"下流"等于"世界3"的"下流"。

如果以真理即客观地反映物理世界为标准，AIGC 的知识生成运动完全是某种"流量空转"，即看起来很热闹，却没有多少创造性。

很多人担心，AIGC 让人类变得愚蠢了。传统观点认为，从数据到信息、知识、智慧，思想的深度不断增加。常有人说，太多数据，却没有什么智慧。当知识网络化之后，即主要以网络知识的形式存在，平面化、网状化发展而非纵深发展。与"行动中的密涅瓦"相适应，"知识深刻说"开始崩溃。在网上学习的人，必然是行动指向，表现出网状思维而非纵向反思的特点。智能革命之后，类似状况不断变本加厉。在 AI 辅助社会中，人人都将成为知识的生产者，偏执、自大极可能加剧，而对知识、真理和客观性的敬畏减少。如果应对不力，AIGC 可能阻碍人类思维能力的提升。

一直以来，学术界对网上的信息和知识是存疑的，一般不将之作为证据支持和引用注释。但是，AIGC 仍然很有用处。因为大多数的人类工作，并没有很高的创造性要求，AIGC 生成的东西已经够用了。并且，AIGC 可以作为最终知识生产的"草稿""草案"，人类在 AIGC 的基础上再进一步提高内容质量，便可以从大量的重复性劳动中解放出来，专注于更高阶的创造性活动。

— 4 —

AIGC：真理之死

对于 AI 时代知识、真理与客观性的未来命运，很多人相当悲观。在《知识的边界》中，哈佛大学研究员戴维·温伯格（David Weinberger）认为，信息社会出现了所谓"知识危机"：

> 最糟糕的是，这种知识的危机由于下述对互联网显而易见的重重忧惧而变得难以忽视：互联网就是一堆未经把门的谣言、流言与谎言的集合。它把我们的注意力切割成碎片，终结了那些长线的深入思考。我们的孩子，再也不读书了。他们当然更不读报纸了。人人都能在网络上找到一个大扩声器，发出和受过良好教育训练的人一样高扬的声音，哪怕他的观点再愚不可及。我们在网络上建立一个"回声室"，而且实际上，挑战我们想法的人，竟然比之前的广播时代还要少。谷歌正在腐蚀我们的记忆力，它让我们变蠢。网络钟爱狂热的、偶像导向的业余者，让专业人士丢掉了饭碗。网络代表了粗鄙者的崛起，剽窃者的胜利，文化的终结，一个黑暗时代的开始。这个时代的主人是那些满目呆滞的习惯性的自慰者，在他们眼里，多数人同意的即是真理，各种观点的大杂烩即是智慧，人们最乐于相信的即是知识。

这一段精彩的描述，很好地总结了当代知识的命运。如果应对不力，智能革命会加剧上述危机，使得客观性与真理的社会地位更加衰落。在 AIGC 空间中，知识与意见不分，两者均不需要客观性作为合理性基础。只要相信的人多，AIGC 便可以给自己戴上"知识"的桂冠。

被 AIGC 包围的人们不再追求客观性。对此，温伯格给出了一个证据："客观性在我们的文化中已经不受宠了，乃至于 1996 美国记者协会（the Society of Professional Journalists）从协会职业操守中删除了'客观性'。"放弃客观性，不局限于新闻传播领域，而是成为智能社会的普遍风尚。从某种意义上说，后现代主义在智能社会的流行，便是后真相时代客观性与真理危机的最重要标志，因为反本质、反客观性以及解构真理是后现代主义的基本主张。上述的新新闻主义完全拥抱视角主义，强调记者、读者在新闻真相中的建构作用，属于后现代主义在新闻传播领域的分支。

当客观性与真理衰落，作为传统知识权威的专家被质疑，变成了大众口中的"叫兽""砖家"。而生产知识的专业机构，被指责唯利是图，为权力和资本服务。以往由官方机构为新闻报道背书的作法，被视为"宣传""思想操控""洗脑"，陷入"塔西佗陷阱"中，即政府难以博取公众的信任，而被公众戴上有色眼镜审视。当然，知识权威的多元性不无好处，但同时也给社会信任度的建构和维护带来了诸多困难。

未来 AI 时代知识与客观性的脱节将带来更深层次的问题，甚至可以说，AIGC 知识在本质上是主观的，因为它依赖于人类的主观意见和主观感知，而不是"对照自然的一面镜子"。AI 驱动的元宇宙空间就是典型的例子，它堪称"完美幻境"，从感觉上看，可以说"比真实更真实"，人在其中很容易真假难分，渐渐地，可能出现怀疑真实世界的极端情形。在电影《黑客帝国》中，叛徒赛弗不愿在物理世界中生活，情愿做机器人的电池，只换取感官的全身沉浸。此时，人们可能不再讨论元宇宙中的 AIGC 是否和物理世界一样真，而只是说物理世界和 AIGC 一样假。也就是说，客观世界开始死去。法国哲学家鲍德里亚称之为"完美的罪行"。

按照鲍德里亚的观点，包括 AIGC 制作的数字虚拟物都是拟真（simulation）之物，属于超真实（hyperreality）的存在。拟真不仅意味着对原本的摹仿，更发展为没有原本的摹本——拟像（simulacra），即 AI 所生成的完全虚构物。于是，原本和真实变成了被编码的、可以无限复制的东西。此时，"拟像不再是对某个领域、某个指涉对象或某种实体的模拟。它无需原物或实体，而是通过模型来生产真实：一种超真实（hyperreality）"。作为高级拟像，AIGC 所创造的虚拟世界将与自然造化相媲美。于是，高科技完美"谋杀"了实在，即遮蔽了实在世界。人沉迷于虚拟物，忽略真实物；人感受虚拟经验，忽视直观经验，陷入对世界的幻觉，此即为鲍德里亚口中的"完美的罪行"。

如果真实世界死去，追求真理的知识如何还能存在呢？在古希腊哲学中，人们就区别了意见（doxa）与知识（episteme）：在各种各样的意见之中，那些为真的意见才能算得上是知识。当 AIGC 幻觉被推到极端，世界没有了真假，知识很可能随之枯萎。首先，传统知识要探索真理，AIGC 知识的目标是解决问题，而不讨论真假。其次，传统知识是纵深运动的，越来越深刻，而 AIGC 知识是平面运动的，不存在什么透过现象看本质，更不会关心形而上学的讨论。再次，传统知识强调抽象化、逻辑化、体系化，而AIGC知识关心的是传播，要通过更合理的数字化和编码化策略在网络上吸引更多的注意力，因而不再晦涩难懂。最后，传统知识生产完全依赖于人的创造力，而AIGC知识将在很大程度上依靠机器，尤其是AI的自动化生产，因而不再被少数精英所掌握，而是被更多的老百姓理解、接受和使用，即AIGC可能促进知识的民粹化，去除以往遮蔽在知识上的神秘色彩。

知识在AIGC时代将走下神坛，且不再被视为拥有不同于一般意见的特殊基础或本性，而只是在一定范围内有效的某种观点或信念，与其他意见并无本质性差别。知识的真理讨论将逐渐被抛弃，代之而起的是知识的实用研究，最重要的是类似"知识有什么用""如何提高知识的用处"等实用问题。

—— 5 ——
结语：反思

指出AIGC可能加剧后真相状况，并非一棒子将之打死。对于新科技的发展，智能社会要有一定的包容性。但是，在将之大规模推向社会之前，应当充分预估其风险和挑战，提前做好应对的准备。

就后真相问题而言，每个人都要意识到自己身处虚实交织的时代。对接收到的所有信息，要养成质疑、反思和批判的本能，切不可听风就是雨。如果有需要，还要对信息源进行仔细查证、比对和分析，提高甄别信息真假的能力。温伯格特别强调"减法求知（knowing by reducing）"，比如，缩小搜索范围，利用搜索引擎、版主和各种知识过滤器等，避免被信息泛滥或过载所淹没。

对于企业和行业而言，必须不断提倡行业自律、自查自纠，尽到内容提供者的审查义务。并且，要不断提供针对性的检测工具，对 AIGC 进行捕捉和甄别。就国家和政府层面，最好出台 AI 生成内容的管理办法，如显著标识为 AIGC 内容，如将之一律归为娱乐或广告，不得与事实和新闻相混淆。从长远来看，教育改革势在必行，应着力提升公民的批判性思维能力和创造力，以适应不断推进的后真相生活。

第 10 章

治理

用上 AI，效率怎么样？

如今，在监狱、高速路、教室、车站、码头和机场等场所，使用人脸识别、摄像监控等智能技术进行智能治理的情况非常普遍。在一些人眼中，AI科技是社会治理的"完美利器"，无坚不摧、无往不利。但是与此同时，在治理活动中滥用智能技术的现象也不少，且影响很大，备受社会关注和争议。

　　2020年5月，北京市部分城区的职工居家办公，此时就有公司被曝出要求员工每5分钟抓拍一次人脸，以防止员工居家不办公。但是，这项要求因涉嫌侵犯员工隐私，致使舆论一片哗然。

　　无独有偶，2022年6月，河南又因"赋红码事件"闹得舆论沸沸扬扬。起因是一些储户因"取款难"找到了郑州几家村镇银行维权，但是他们的健康码被赋了红码，更滑稽的是，有些被赋了红码的储户根本不在郑州，却一律要按照防疫政策实施隔离，结果他们哪儿也去不了。

　　可以想见，在未来的智能社会中，智能治理的应用会更加普遍、深入和系统，产生的问题和风险也会同样普遍和复杂。如何看待AI时代的智能治理现象，未来它会如何发展，又应该如何应对可能出现的问题和风险呢？

—— 1 ——

智能治理社会，社会也治理智能

准确地说，技术治理指的是在政治和经济等领域中，以提高社会运行效率为目标，系统地运用现代科学技术成果进行治理的活动。人类历史上，以数字化、技术化和科学化的方式运转整个社会的想法由来已久，比如，中国古代的智者遇事要"掐指一算"，或者"夜观天象"，都属于此类决策思路。但是，必须等到现代科学兴起，尤其是信息技术出现之后，技治理想才能真正付诸实施。

工业革命之后，由于自然科学改造自然界的伟力得到极大彰显，于是在 19 世纪中叶，一些思想家很自然地想到：可否将自然科学的力量用于改造人类社会。这种技治主义思想顺理成章地在欧洲肇始。不过，技治主义诞生不久，在西方社会便遭遇了各种各样的批评。比如，人文主义者攻讦技治主义将人视为机器，自由主义者质疑技术治理在不断侵害人的自由，而西方马克思主义者认为技术治理是资本家压迫工人阶级的手段。尽管各种批评不绝于耳，技治主义却在社会治理实践中引发了许多技治运动，并逐渐向全世界，包括中国传播。

在 20 世纪与 21 世纪之交，技术治理已经成为全球范围内治理领域的基本趋势。从某个侧面看，当代社会已然成为技治社会。自智能革命兴起以来，技术治理出现明显的"智能治理的综合"趋势，即不同技治手段逐渐在智能技术搭建的平台上综合起来，不再是零散的、局部的，甚至相冲突的"技治拼盘"。"智能治理的综合"之所以可能，其根本原因在于无论哪一种治理技术的运用，都必须精确地把握治理对象的即时信息，了解技治方案实施的实际效果。治理之前，对象是什么样子，哪些方面需要改变；治理之时，对象发生了什么变化，还存在什么问题；治理之后，对象变成了什么样子，应该在什么方面进一步提升，等等，这些都是实施技治者随时要关心和掌握的信息。也就是说，信息高效流通与深度分析是各种技治方法发挥作用的前提，而这正是智能平台所擅长的领域。因此，智能技术正在改变着技术治理的基本面貌，使之逐步进化到智能治理的新阶段。

以智能技术为基础的智能治理，是智能社会和 AI 时代的基本特征之一。称智能社会为"智能的"，是一种拟人化的隐喻用法，即认为社会像有机体一般具备了某种"智能"，能在社会自觉的基础上，完成某种刺激－反应的"类生命"行为。"社会自觉"指的是智能社会可以通过技术手段收集关于自身的各种数据和信息，对自身的即时状态有一定程度的"了解"，并以此为基础"思考"自身发展的问题和方向。总之，说社会有"智能"，并不是它真的"活了"，而是在比喻意义上说的。

当智能社会出现各种问题和变化时，比如受到某种新发病毒的冲击，就能迅速感受到内外的刺激，"思考"之后立即做出反应，并不断接收反馈以调整反应行为。这与传统社会在应对方式上出现的盲目、"本能"状态根本不同。智能治理将智能技术与预测技术、规划技术等软技术相结合，极大地提高了智能社会的日常水平和行动能力，而这也是 AI 时代智能治理发展的重要任务。

在技治社会中，人们普遍相信技术决定论，即认为新科技的发展决定整个社会的发展方向和人类的未来命运。在智能社会中，大家尤其相信智能技术的决定性作用，憧憬着 AI 将社会推向更美好的未来。如何让憧憬变为现实呢？既然相信 AI，首先就要努力用 AI 技术来处理各种社会问题，其次是让掌握技术的专家领导大家，这就是我所谓"技治二原则"，即科学运行社会原则和专家治理国家原则，而这正是 AI 时代人们笃信 AI 决定论的重要表现。在新冠疫情期间，这两点表现得尤为明显：智能技术成为防疫不可或缺的手段，而大家都遵照专家的专业意见应对突发情况。

进一步而言，各种新科技尤其是智能技术在智能社会如此重要，国家和社会必然想方设法发展、运用和控制技术发展，尤其是控制 AI 的发展。为什么呢？

首先，既然技术和 AI 重要，国家和社会必然投入大量人财物力，各种新科技创新部门如大学、科研院所和高新科技企业的研发部门不断膨胀，日益成为当代社会的核心机构。在最近 GAI 热潮中，不少人强调 AI 竞争是大国竞争的关键领域，国家不断推出与 GAI、"数字中国"、人形机器人等技术发展相关的政策方针，决心花大力气寻求在智能革命中的领先位置。其中，最重要的是管理大量的科技机构的运转，维持正常的科研秩序，促进科研效率不断提升。比如，长期困扰科研管理部门的学术道德问题，越来越被全社会关注和热议。但是，学术道德不同于生活道德，非常复杂，专业性很强。几年前，饶毅举报裴钢论文学术不端，调查结论是没有学术不端但图片使用有误，可这两者究竟有什么区别，普通人很难搞清楚其中的是非曲直。因此，如何控制好AI技术创新部门，会一直让智能社会的管理者们头疼。

其次，海量的新科技被研发出来，并被迅速地运用于包括治理领域在内的智能社会的各个角落，但社会效果难以预计，正面效应总是伴随着意想不到的负面结果。比如，乘车时扫描二维码对于年轻人非常方便，因为不必再为出门忘带公交卡而烦恼，但很多老人用不好二维码，结果有车难乘。再比如，各种外卖平台运用智能算法匹配外卖，人们足不出户就可以享用美食，但导致大量因外卖产生的包装垃圾，也逼得外卖小哥为了不超出AI计算出来的送餐时间而频频逆行、闯红灯等。享受AI技术方便高效的同时，未来智能社会不得不对新科技的应用加强调控，尤其要设法规避和应对各种技术风险。

最后，在未来智能社会中，因为更懂科技的原因，专家将享有更大的权力。如今很多公共治理问题，如AI治理问题、气候变化问题、科技伦理治理问题等，均与新科技发展有关，具有很强的专业性。比如，预计AI武器的威力堪比核武器，必须设法进行严格控制，可又难控制得多。同样，一个能力强大的机器人可以作为劳动机器人，但如果被坏人操纵，就立刻成为一件武器。显然，要控制它需要专业方法，老百姓很难对专家的决策发表意见。由于大家不懂，专家的权力就可能失控，所以必须用制度化的方法对专家权力进行约束。如今，人们在网上表示对专家并不完全信任，甚至斥之为"砖家"，正是此类约束心理的反映。

综上所述，智能社会不仅会尽量运用 AI 治理社会，也要花费巨大精力控制 AI。也就是说，智能治理不能忘记治理 AI。最近被热议的大数据治理、算法治理和区块链治理，均属于智能治理的具体形式，前述案例也属于智能治理领域，均涉及如何治理智能技术，使之有益于公众利益的问题。比如，老人使用二维码乘车困难，就要给老人提供选择传统乘车方式的可能；而外卖平台"困住"外卖小哥的问题，就要对 AI 算法进行优化，留出足够的送餐时间。总之，AI 要为人服务，而不是反过来。

—— 2 ——

治理，必然伴随反治理

之所以技术治理一经产生，就招致各种各样的批评，一个很重要的原因在于：很多人相信只要搞技术治理，结果只能是走向"机器乌托邦"——它将整个社会视为一架严丝合缝的机器，而每个人均是其中可以随时替换的智能零件，根本谈不上一丁点的自主性。可是，历史上各种真实发生过的技治运动，都证明这种成见是错误的。

20 世纪三四十年代，美国和加拿大爆发激进的北美技术统治论运动（American Technocracy Movement），主张结束资本家的统治，由工程师接管权力，成立"工程师的苏维埃"，以各种经济统计数据为基础，按照科学原理和技术方法来运转社会，应对1929—1933年代全球性经济危机。技术统治论者提出许多改革措施，其中最著名的当属社会测量和能量券，前者主张对整个社会的人财物力进行调查和统计，后者主张取消货币，代之以表示生产某种商品所消耗能量数的能量券。

20世纪二三十年代，中国大批留学生学成归国参加建设，成为中国学界、政界和商界的中坚力量。其中，从美国归国的留学生占相当比例。因此，北美技术统治论运动的各种思想也很快传入中国，引起了中国思想界的重视。后来，不少中国知识分子提出效仿北美技术统治论运动，希望在中国掀起类似运动。但是，彼时中国技治主义者都是温和派，对北美技术统治论思想有所取舍，结合中国国情进行改造，尤其放弃了工程师接管权力的激进主张，主张通过专家加入政府来逐步实施某些技治措施如社会测量等，为既有的国家政权服务。1937年，抗日战争全面爆发，思想争论被实际行动所代替，许多中国专家纷纷加入南京政府，形成了专家参政的政治浪潮。他们做了很多实事，比如最早提出三峡工程的设想，并进行实地勘测。

因此，同属技治运动，但北美技术统治论运动与民国专家参政运动差别很大，尤其是在具体实施模式方面。显然，中国的技治主义者从来没想过要建设机器乌托邦，更没有想过要推翻民国政府。这说明技术治理存在诸多不同的实施模式，能与具体社会现实很好地结合起来，并不必然通往机器乌托邦。因此，对于 AI 时代的智能治理，我们可以，也必须结合国情来选择适宜的技治模式，并在实施过程中，不断调节和控制技治系统的运行，才能提高其效率，消除其负面效应，做到真正造福社会。

选择、调整和控制智能治理系统，首先就要处理好反治理的问题。在现实中，用 AI 治理社会总是会有反作用，总会遇到各种阻力，此即反治理现象。目前针对智能治理的反治理现象，主要包括如下几类：

第一，智能低效问题。一般认为智能化肯定会提高工作效率，但研究表明事实未必如此。比如，有实证研究表明，一些"智能法院"并没有明显提高效率，有时还变麻烦了，当一些例行审批交给智能系统，出了问题都不知道找谁负责任，最后只能把板子打在 AI 身上。再比如，办公自动化不断推进，大家都使用电脑办公。可是，有研究发现：在一些单位，办公自动化并没有减少人员的雇佣，相反使得行政部门膨胀。对此，美国传播学家波兹曼评论说："电脑使得政治、社会和商务机构实现自动化运行，在这个过程中，电脑未必使这些机构提高效率，但有一点是肯定的，它们使人不注意这些机构是否必需以及如何改进这些机构。大学、政党、教派、司法审理、公司董事会并不会由于自动化而改进工作。它们只不过更加吓唬人、更加技艺化，或许还多了一点点权威，然而它们的预设、理念和理论里的缺陷却原封不动。"

第二，技术怠工问题。怠工即"磨洋工"问题，从来都有，看来不可能彻底消除。以往"摸鱼"，只要老板、监工看不到就行了。AI时代工作场所到处都是监控，出现了与新科技应用相关的怠工行为。比如，在微信工作群中，事事@领导，领导说一句做一点，没有一点工作主动性。比如，出现问题，借口不熟悉新的信息系统而逃避责任，要求进行技术培训，要求更新设备。再比如，APP崩溃，电脑坏掉，系统升级，都可以成为技术怠工的新理由。

第三，智能破坏问题。未来智能技术会越来越多，而针对或利用智能技术进行的破坏活动也会增多，最极端的是网络犯罪行为，比如黑客远程操作机器人犯罪，网上智能合成语音、AI"换脸"诈骗，3D建模动图解锁人脸识别系统盗窃等。其他破坏行为，比如AI垃圾电话、垃圾信息泛滥，用机器人"网络水军"造谣、网暴和操纵舆论，用深度伪造散布虚假信息等。这些智能破坏尤其是机器人犯罪问题，不仅更难被察觉，而且责任人更难被区分，目前还没有得到足够的关注。

第四，官僚主义智能化问题。官僚主义最重视文件和数字。官僚们从文件了解世界，眼睛里看到的是一个纸面世界，而非真实世界的情况。在文件中，他们对各种数字印象深刻，用数字判断政策的效果。至于数字是怎么得来的，又是否真实，官僚们并不深究。所以，官僚治国倾向于制造更多的文件和数字，智能技术迎合了此类倾向，因而官僚主义往往重视AI的应用，比如在智慧城市中收集水电气、交通、人流等以往并不知晓的信息。而信息越多，就越需要更多机构处理，于是官僚机构不断膨胀。比如，不管电子监控效果如何，都可以此向上面要钱、要编制，这样，目标就从效率偷偷换成官僚机构的扩张。各官僚机构各管一摊，不能把握整体，这在当前"智慧城市"的治理当中已经发生。

第五，过度治理问题。信息太多，机构太多，大家都想管事，于是就容易出现"治理过头"的情况，反过来阻碍了技术治理的效率。比如，一些地方密密麻麻安装各种录音录像、摄像头、测速器等电子监控设备，浪费人财物力，收集大量的垃圾信息，陷于信息过载之中。实际上，很多社会参数是没有必要获取的，很多违纪违规行为和小错误应该交还道德领域，甚至要被AI时代所容忍。

一些人梦想彻底消除反治理现象，但在现实中根本做不到。从某种意义上说，现代治理活动有个"完美人梦想"，即每个人都应该达到完美的状况，所有人都多少有点问题，都要被改造、被提升，而不光是罪犯。梦想彻底消除反治理现象，使技术治理效率达到100%，本质上是试图把每个人变成"完美人"。显然，这不可能做到，因为人不是按标准行动的机器。一个人不管多么好，偶尔也可能犯一些无关紧要的小错误，如爆了句粗口、随地吐了个痰或者小黄车没停到位。我们向雷锋学习，是向他靠拢，并不是所有人都能成为雷锋。也就是说，"完美人"只是理想目标，不能真正作为所有人的行动标准。

如果智能社会试图用各种各样的规矩，把每个人随时随地约束起来，这不仅是可怕的，而且也不可能实现。哪里监控装得多，结果发现哪里治安就会"差"一些，因为发现的不规矩会越多。而实际上，可能大家的治安状况差不多。用理论术语说，理想的全面管控不可能完全地付诸实施，只能作为理想型（ideal type）或者方法论来提升公共治理水平。因此，在未来智能社会中，反治理现象仍然会存在，不过具体形式会发生变化，而智能治理并非无往而不利的完美利器，必须容忍反治理的存在。当然，技治系统也不可能任由反治理泛滥，而要将之控制在一定的阈值内。

—— 3 ——
以科技之名，行伪治理之实

更严重的问题是，伴随着智能治理的兴起，越来越多的伪技术治理现象出现了。河南赋红码事件虽然名义上是用大数据技术治理疫情，但实际却是防止储户维权，这显然属于伪技术治理现象。伪技术治理打着科技之名，号称用新科技进行治理，但实际贯彻的却是其他目标，尤其是攫取利益和权力，而非实现技术治理追求的提高社会运行效率的目标。

为什么伪技术治理要冒充技术治理？因为能获得好处。比如在中国，人们普遍信任科技和专家，国家和社会也对技术治理给予了许多实际支持，而冒称技术治理就能分享信任和支持。因此，一个社会的技术治理越是受重视，伪技术治理就越会层出不穷。

这就像假茅台酒很多，恰恰说明它十分受欢迎一样。当伪技术治理盛行，就会导致大量负面的效应和问题。比如，人们会将它一并怪罪于新科技和智能治理头上，这并不利于新科技的发展和技治系统的运行。所以，警惕、抵制和治理伪技术治理现象势在必行。

当代伪技术治理形形色色，我尝试将之大致归纳为两类：1）"伪科学的治理术"，2）"非科学的专家政治"。前者的理论基础直接就是伪科学，并非真正的科学，而后者则是专家治理偏离科学运行的结果。下面来举例说明。

在"伪科学的治理术"中，披着"科学"外衣——或者说号称"以科学为宗教"——的科学宗教极为典型。科学宗教宣布自己的信仰有科学基础，将科学推向神坛，属于极端伪科学主义的一种典型形式。当代最有名的科学宗教有两支：一是以法国思想家圣西门的"新基督教"及其学生孔德的"人道教"为代表的"实证的宗教"，二是科幻作家创立的山达基教（Scientology）。

圣西门的新基督教主张废除基督教会，用"牛顿教会"取而代之，在其中的科学家和工程师成为新的"教士"。孔德发展新基督教的宗教观，晚年热衷于建立人道教。他认为，人类社会发展从神学阶段、形而上学阶段进入实证阶段，今天的实证时代推崇实证科学知识，人们要像崇拜上帝一样崇拜人类，要把实证主义变成一种实证宗教。孔德曾在欧洲和南美建设人道教教堂，供奉包括伽利略、牛顿在内的"实证主义圣人"，曾一度很流行，如今在南美仍然有信徒。

山达基教由一些美国科幻作家们创立，好莱坞著名影星汤姆·克鲁斯是它的信徒。该教最初主张用名为"戴尼提"（dianetics）的心理诊疗技术提升人的能力，后来通过不断与科技新发展结合起来发展教义。它属于崇拜"超人"的一类宗教，而这种"超人"乃是经过科技提升过和改造过的人。此类"超人"宗教具有强烈的科幻色彩，往往与科幻圈子、科幻文化息息相关。在控制论、智能技术和生物技术大兴的 21 世纪，一是通过人体增强对人类进行改造的观念日益流行，二是所谓人工智能"奇点"正在降临的观念日益流行，使得此类"超人"信仰日渐"火爆"。

"非科学的专家政治"根源在于专家犯错误，即专家在治理活动中并未真正坚持科学原理和技术方法。在当代社会治理活动中，"非科学的专家政治"大量存在，值得人民群众加以警惕。

最常见的情况是，某个专家起初因为专业能力被提升至高位，之后却没有实践技术治理，而是利用科技玩弄权术，为某些人谋求私利。比如，研究房地产的专家帮房地产商炒作房产，研究金融的专家为某些股票"站台"，他们表面上分析客观，用数据说话，实际上心里打着"割韭菜"的"小九九"。按照技术哲学家布鲁诺·拉图尔（Bruno Latour）的观点，今天的科学（Science）已经转向研究（Research），与各种社会利益因素纠缠不清，早已不是以纯粹求真为最高旨趣的实践活动。在此情形下，专家掌权后，因私利故意偏离技术治理的情况便很容易出现。

在极端情况下，专家集团可能与专制主义、官僚主义勾结起来，运用新科技为专制统治服务。英国作家赫胥黎的反乌托邦小说《美丽新世界》设想了某种极权主义的专家政治。看起来，"美丽新世界"主要运用生理学、医学、化学、心理学、精神病学等知识实施社会治理，实则是将技术治理与极权统治完全结合起来。比如，以优生学和生殖科技制造社会成员先天的生物性状差异，用先天生物性状等级制为后天社会等级制做辩护。所有人都是瓶生的，按照孕育的程序不同分为阿尔法、贝塔、伽玛、德尔塔、艾普西龙不同等级。人们生来在智力、长相和才能方面就有不同等级。因此，在美丽新世界中，统治者将技术治理异化为伪技术治理，背离技术治理提高效率、为社会服务的宗旨，使之成为专制统治的"走狗"。

还有一类情况是，某个专家掌权后想科学行政，但是由于水平问题无意地造成偏差，结果实施的是非理性、非科学的治理方式。为什么呢？从自然科学知识如"石蕊试纸遇到酸性溶液变红"中，推不出任何如何治国理政的结论，因为自然科学研究的对象是自然物而不是人和社会。因此，从科学结论到治理结论，需要某种推理、引申或转译，才能以之为指导完成"科学地"行政。

举禁烟政策实施的逻辑为例。为什么要禁烟呢？因为吸烟有害身体健康，这是经过实验检验的科学结论。可是，从逻辑上说，单独一句"吸烟有害身体健康"推不出"不准吸烟"，必须加上另一个前提"人应该健康"才能推出。可是"人应该健康"不是科学结论，而是价值观的选择，因为可能有人认为吸烟比健康更重要，不让吸烟还不如不活了。并且，就算接受"人应该健康"，有害身

智能革命后的世界

体健康的事情仍然很多，比如久坐不动、长时间玩手机，为什么不把这些事情都禁止呢？因此，禁烟以科学的名义实施，但实际论证非常复杂，并不是纯粹的科学工作，即使专家并没有任何私心，仍然很容易出现错误，结果就是"好心办坏事"。

— 4 —
智能治理，并非智能统治

归根结底，伪技术治理产生的原因是对新科技的误读和滥用。也就是说，科学本来是探索世界和造福社会的真理术，却常常被伪技术治理实施者视为攫取权力和控制人民的操控术。关于这一点，在《美丽新世界》中就有很好的说明：在其中，统治者表面上推崇科学，但实际上将科学阉割和异化，凡是与控制社会无关的科学研究都被视为危险而禁止。换言之，在《美丽新世界》中实行的科学已经不是真正的科学，从根本上说，甚至可以算作伪科学。

警惕伪技术治理的关键在于防止技术治理沦为技术统治，智能治理沦为智能统治。治理活动由大家磋商来实施，而不是统治者强迫被统治者执行。在技术治理中，政府可能处于主导地位，也可能并不主导，但与之相关的各方都要发挥能动作用，如表达意见、参与决策、监督执行和听取反馈等，追求利益相关者均满意的治理成果。

信息技术兴起之后，不少人担心互联网成为"电子圆形监狱"（electronic panopticon），即是智能统治的帮凶。什么是圆形监狱？圆形监狱的中心是看守监视囚犯的瞭望塔，四周是环形分布的囚室。由于装上百叶窗或单向玻璃，看守可以 24 小时监视囚犯，囚犯却看不到看守，囚犯相互之间不能交流。所以，即使看守不在瞭望塔里，囚犯也会觉得有人在监视他，因而自己约束自己的行为。而看守也不自由，因为上级可以不定时来视察，看守也得时时刻刻守规矩。一句话，圆形监狱的原理就是"无处不在的监视"。在互联网出现之后，"无处不在的监视"开始成为现实。在具体意象上，电子圆形监狱最著名的 Logo（标识）是奥威尔小说《一九八四》中的"电幕"和"老大哥"，总是瞪大双眼在盯着每个人。

智能革命爆发之后，问题就不仅是隐私问题，因为除了监视，机器人是可以被授权采取行动的，比如对人进行拘押。一个人在不让吸烟的地方抽烟，以前最多被拍下来、交罚款，在未来智能社会，可能会招来戒烟无人机或戒烟机器人，而且如果不听劝告，当场就会受到惩罚。因此，智能技术可能带来真正的牢狱，可以称之为"电子圆形牢狱"。大致来说，"电子圆形牢狱"有两种：一种是恐怖的，好莱坞的很多"AI 恐怖片"都想象过此种牢狱。最著名的 Logo 是科幻电影《终结者》系列中的天网（Skynet）：机器人在其中残酷统治人类，把反抗者都关进大铁笼中；而另一种是舒服的，元宇宙就是舒服的电子牢狱之大成，很多人甚至自愿成为其中的囚徒。在电影《黑客帝国》中，人被囚禁在培养液中，意识却上载到元宇宙 Matrix 中。Matrix 以 20 世纪末发达资本主义富裕社会为模板设计出来，消费主义生活方式让身处其中的人感到富足舒适。但是，Matrix 终究是一串串的数字组成的牢狱，并非真实的世界。

对此，后现代主义者德勒兹告诫我们:必须警惕智能技术滥用，智能治理社会可能成为智能操控社会。他认为，当代社会可能正在滑落到控制社会。他指出："我们正在进入控制社会，这样的社会已不再通过禁锢运作，而是通过持续的控制和即时的信息传播来运作。"也就是说，社会运行日益强调信息科技在控制中的作用:"对统治的社会，与之相应的是简单或力学的机器;对惩戒的社会，与之相应的是高能的机器;对控制的社会，与之相应的是控制学和电脑。"

法国哲学家福柯批判现代社会，斥之为规训社会，即社会对每个人的身体和行为进行改造，使之成为驯服的臣民。通过比较规训社会与控制社会，德勒兹谈到控制社会的一些重要特征:1)信息科技的基础作用。2)禁锢被控制代替，前者有清晰的主体形塑目标，后者强调不断地调制的过程。3)签名被数字代替，前者说明权力深入到个性化的人，后者只关心识别口令，完全不关心信息背后的人。换言之，人在控制社会完全"消失"了。4)规训社会的危险是被动混乱（主要根源于信息掌握不全）和主动破坏的危险，控制社会的危险是被动干扰（信道噪声）和主动的电脑犯罪（如电脑病毒传播）。5)销售取代了生产，生产是规训社会的轴心，销售是控制社会的轴线。营销学成为社会控制的工具，人们被莫名其妙的成功学激励，变成厚颜无耻的逐利享乐之辈。因此，"人不再是被禁锢的人，而是负债的人"。

在德勒兹担忧的智能操控社会中，智能技术被用于精确操控每个社会个体的目标中，完全放弃了探索世界的求真之科学理想，也违背了提升社会运行效率的技治目标。此时，整个社会就可能沦为某种信息技术所操控的社会，即信息操控社会。总之，智能治理有边界，越过界限就沦为智能操控；智能治理为整个社会效率提高服务，服务于某些人或集团的私利就沦为智能操控。

应该说，德勒兹等人的担忧并非空穴来风，未来智能社会必须警惕出现智能操控的情形。这涉及非常复杂的制度建设问题，牵涉国家治理体系完善和治理能力提高的方方面面。对此，思想家们的意见并不完全相同，但均相信人民参与是必不可少的重要措施。也就是说，智能治理的问题不能仅仅是政府和专家说了算，必须让人民，尤其是利益相关者广泛参与到决策之中，比如召开听证会，在决策委员会中吸收公众代表等。最近，一些地方煤气公司更换智能气表，根本不与居民商量，结果每月用气数量突然大幅度上升，引发大量的舆论批评。煤气是社会公用事业，得到大量的国家补贴，根本上来源于人民的税款，煤气设备的智能化改造理应征求各方，尤其是用户的意见，不能由煤气公司一家决定。

当然，也有人指出，AI 的应用并非只有利于治理者，而是可以为民主制服务。以色列政治学家亚伦·埃兹拉希（Yaron Ezrahi）

指出，圆形监狱是可以倒转的：将人民放入看守塔，可以将治理者的言行曝光于民主恒常的监督之下，于是监视便转变成监督。显然，这种监督很好地将治理者置于不知道会被谁检举的"匿名压力"下。确实有些官员因为戴名表、穿名牌被网友拍照上传网上进行举报，最后被查出贪腐问题而落马。因此，智能技术既可以用于政府治理，也可以用于民主监督，智能治理并不必然走向智能操控，关键在于如何因地制宜地合理使用。

—— 5 ——

结语：务实

对智能治理要有正确的认识，认清新科技用于治理活动的有限性。实践经验表明：智能治理的确作用很大，但并非战无不胜的完美利器。既不要认为，用上智能技术，治理就科学了；也不要认为，只要治理技术化，什么问题都解决了。在大规模传染病的应对实践中，很多人发现：由于情况千变万化，尤其是病毒不断迅速变异，在海量数据基础上制定的一揽子智能应对方案，实施后效果并不好。相反，以健康码、行程卡、微信群等为代表的智能治理措施，结合一些传统的、非技术的措施，如居委会大妈上门，看起来似乎拼拼凑凑，只要响应得迅速，效果却出乎意料的好。原因其实很简单：治理是行动，而非理论，治理情境非常复杂，不是数据模型所能完全刻画的。

对于智能治理的未来发展，必须摒弃理想主义或完美主义的执着，以务实的态度对待真实的治理情境和人性，以人为本，逐步推进，因地制宜，不断调整、改变和创新。在中国，智能治理必须服从中国特色社会主义民主制度，为国家治理体系和治理能力现代化的目标服务。尤其不要迷信智能治理，严守治理与操控之间的界限，警惕技治过程可能出现的问题，不断纠错纠偏，才能更好地应用、发挥智能治理的作用。

　　　　　　　　　　　　　　　　智能革命后的世界

第 11 章

权 威

大众为何对专家不满？

近些年来，用"砖家""叫兽"之类的称呼嘲讽专家，在网上非常流行，折射出社会公众对技术专家越来越明显、越来越严重的不满情绪。原因是，近几年来，媒体报道出了各种专家"语不惊人死不休"，甚至明显违背常识和情理的言论。2023 年 2 月，央视网发文《年轻人越来越反感"专家"，问题出在哪儿？》，指出网友纷纷"建议专家不要再建议了"，因为有些专家根本不了解年轻人的生活状态，个别专家的建议更被怀疑完全是为了博出名或为商业利益代言。在未来智能社会中，专家还可信吗？他们与大众的关系究竟如何，又应该如何呢？

—— 1 ——
AI 时代，"专家"变"砖家"

所谓专家，指的是在某个专门学科、专门知识或专门技艺上具有较高造诣的专业人员。现代社会区别于农业社会的重要特征是社会分工的不断加速和深化。在农业社会中，农民基本上过着自给自足的生活，但到了现代社会，农村生活所需的日常用品，如自来水、电力、农具等，必须从其他生产者手中购买，而不是靠自家生产。在知识生产领域，现代科学同样表现出不断分化、分科的趋势，所以才被称为"分科之学"即"科学"。第二次世界大战之后，学科分化加速，一方面让各个学科领域得到深入的研究，另一方面让研究者囿于专业之中，精于专业而对专业之外的东西所知甚少，成了名副其实的专门家。

现代社会尊重知识。专家因为在某个专业领域研究精深，因而获得了比普通人更多的信任和权威。政府、公司和NGO（非政府组织）会聘请相关专家，为自己的决策提供咨询意见。而老百姓在日常生活中遇到问题、感到困惑或对自己的判断不自信时，也希望寻求专业人士的建议。

在信息技术产生之前，由于没有特殊渠道，普通人很难接触到专家、教授，更不要说请他们解惑了。如果有问题想不清楚，往往是找父母和老人进行咨询。他们给出的意见，大多数基于生活经验，而非基于长期积累的专业知识。随着互联网，尤其是搜索引擎的出现，各种专家意见曝光度越来越高，越来越容易获得。结果，大家发现不少专家信口开河，招人厌烦。比如，现在年轻人工作难找，有专家建议付费上班，先积累工作经验，还有专家建议找不到工作可以先结婚生子。显然，上班当然是为了挣工资，而没工资养活不了家人，所以专家建议显得非常荒唐。再比如，有报道指出中国男多女少，有数千万光棍，某教授建议收入低的男人可以找同一个老婆。这既违反《婚姻法》，也赤裸裸地表达了其对穷人的歧视。类似的无稽之谈经常迅速登上热搜，久而久之，大家对专家建议便产生怀疑，也使得不少专家、教授失去人们的尊重和原有的声望，在网上被人们戏称为"砖家""叫兽"。

为什么AI时代，专家建议会越来越多地出现在大众视野当中？首先，专家提出不少惊人的奇谈怪论，这在网上特别能吸引人的眼球。其次，随着移动手机的普及，尤其是短视频兴起之后，专家意见更容易传播，而且传播得越来越快、越来越广，增加了成为焦点话题的概率。再次，不少专家希望成为意见领袖，或者单纯是表达欲望比较强烈，想方设法在网上"圈粉""引流"。最后，某些组织和机构有时希望借助专家的公信力为自己"背书""挡枪"，或者在某项可能引起争议的决策如涨价落实之前，先让专家表达出来，试探一下公众的反应，因而将专家推上了前台。

某些专家在网上成了"过街老鼠，人人喊打"，除了因言论荒唐之外，也与专家之间的意见分歧关系很大。在智能社会中，专家曝光度增加，也将专业团体内部的意见分歧暴露出来。中国的学校教育重视教科书编写，以灌输和传授知识为主要任务，教材学习让学生们觉得所有问题都有标准答案，教科书上的知识就是真理。实际上，教科书知识不过是得到较广泛共识的内容，并非绝对准确无误。在大多数问题上，专家之间存在不同程度的分歧，尤其是前沿领域分歧更是巨大。以往专家分歧主要在专业共同体内部讨论，外行并不清楚。比如，究竟是饭前吃水果好，还是饭后吃水果好，专家意见并不一致。而且，AI时代的专家也越来越多地借助大众传媒发声，直接向社会公众表达意见。于是，专家意见分歧在赛博空间中广泛暴露出来，而大众无力深究这些分歧，只是觉得有分歧说明专家意见不可信，甚至认为专家是信口开河。

　　除了内部意见分歧，随着生成式 AI 的兴起，专家权威还必须面对 AI 的挑战。GAI 很快会成为老百姓生产、生活和学习的得力助手，有什么问题可以直接向 ChatGPT、文心一言等 AI 助手询问。而 AI 助手的答案建立在对广泛资料归纳的基础上，又快又好，省事省时省力省钱，所以很多人会认为，大家不必再费心甄别专家意见了，而是应该直接向 AI 工具寻求知识帮助。当专家意见与 ChatGPT 不同的时候，不少人可能宁愿选择相信 AI 而不是某个专家，尤其是当专家意见不一时，更可能如此。大家还会觉得 AI 是机器，由于没有利益和道德问题，因此意见公正，也不会遮遮掩掩。当然，这其实是一种错觉，AIGC 实际上有价值预设和意识形态问题。无论如何，在未来智能社会中，AI 助手肯定会进一步分走专家的知识权威。大家可以想一想：当老师说的答案与 ChatGPT 不同时，学生会相信谁，会不会感到困惑？

　　AI 催生的后真相时代，使得人们对真假对错不再如以往那般在乎，很多问题被娱乐化、平庸化、世俗化。各种各样的专家意见也很容易获得，不仅廉价而且混乱。形形色色的专家总是在大家眼前晃来晃去，喧闹而无趣，有时甚至显得有些搞笑。谁说的东西合意，大家便认作真专家；反之，容易被攻击为"砖家""叫兽"。也就是说，真理和专家没有那么重要了，人们觉得只要开心就好。

── 2 ──
专家，是精英还是大众？

如前所述，当代社会是技治社会，专家治理使专家的权力很大，专家建议在公共治理活动中举足轻重。如果专家与大众隔阂巨大，对于当代社会的科学运行将产生很大的负面影响。一方面，专家缺乏与大众的沟通、理解和共情，提出的建议容易成为脱离现实的书斋议论，或者由于忽视普通民众的切身感受，使建议缺乏操作性和可行性。另一方面，专家建议由专家提出，但关涉千千万万普通民众的生活，如果得不到民众的支持，执行起来就很困难，甚至最后半途而废。因此，AI 时代大众与专家的关系，值得认真研究，并在此基础上设法加以改善。

大致来说，研究专家与大众关系的观点，可以分为和谐论、冲突论和互动论三种，它们分别认为二者关系是和谐的、冲突的或者在互动中不断变化。下面举例逐一加以介绍。

西班牙哲学家何塞·奥尔特加·伊·加塞特（José Ortega y Gasset）认为，现代社会由精英和大众构成，专家其实是大众的一部分，他们不是精英，甚至还与精英格格不入。这类想法属于专家与大众关系的"和谐论"。在他看来，精英和大众两者应该各安其位，大众服从精英的领导，但是现在的问题是：在欧洲公共生活中，大众掌握了统治权力，即所谓"大众的反叛"。

加塞特口中的"大众"不等于底层阶级或穷人，大多数富人也属于他所称的"大众"。大众与精英的区别不在于财产多寡，而在于人格或资质的高低。大众资质平平、安于现状、随遇而安、放任自流，而精英则在某方面天赋异禀对自己要求严格，努力实现自身价值。他曾发问：大众连自己的生活也掌控不了，怎么能统治社会呢？显然，加塞特自视为精英，是完全看不起大众的。

但有意思的是，加塞特将专家视为最典型的大众成员之一，而不是很多人认为的精英。并且认为技术专家和技术人员是野蛮大众的主力军。也就是说，知识的多少并非是他遴选精英的标准。为什么呢？他给出了三个理由：1）专门化，即专家除了专业啥也不懂，属于"有知识的无知者"；2）机械化，即专家思想和行为像机器一样，既促进文明的发展，也是文明发展最大的威胁；3）实用化，即专家追求技术实用性，对真理毫无兴趣。

因此，在加塞特看来，日益流行的专家政治并非精英政治，而是大众掌权了的政治，因为技术蓬勃发展和技术主义流行正是大众兴起的最根本原因。首先，没有技术进步产生的欧洲人口暴增，大众不可能出现。其次，技术进步导致大众生活水平普遍提高，进而要求更多的权力。最后，民主政体、科学研究和工业制度帮助大众崛起及反叛，而科学研究和工业制度这两者也都离不开技术的进步。

加塞特并非完全无视技术的正面价值，只是他将科学与技术分离或对立起来了，认为现代社会的问题是技术兴旺而科学衰落，今天的"科技人"都是出于实用目的对新科技产生兴趣，对纯粹的科学原理和文明发展漠不关心，而这种实用主义倾向很可能导致科技倒退。也就是说，技术主义和实用主义将科技人员转变成大众，科技人员领导的政治实质上是大众统治的政治。但是，由于加塞特过于强调科学与技术之间的差别，就与通常认为的科学发展的动力实际是求真与功利并存的看法相悖了。

加塞特提出的大众掌权，虽然的确要拜技术时代取代科学时代所赐，而且在 AI 时代还尤其明显，但是"技术的反叛"不能被视为一无是处，相反，它的进步意义非常明显。如果专家是大众的成员之一，那么 AI 时代，老百姓与专家的争吵实际上属于大众内部的争吵。没错，在智能社会中，专家与大众存在一致的方面，并非完全敌对的冲突关系。并且，加塞特的看法提醒了我们：大众并非只有一种意见、一种看法，而是会有很多不同的意见和看法。这一点在赛博空间中已经表现得很清楚。尤其在 20 世纪与 21 世纪之交，技术人员的大量增加，构成了社会的中间阶层——在纺锤型社会中，中间阶层是使社会稳定的主流力量——他们与大众不是对立的，而是属于其中的一部分，唯一的区别是职业技能，而不是阶级本性。

—— 3 ——
民粹主义反对专家

与加塞特的观点不同，流行的观念往往将专家视为精英而非大众。不少学者认为，当代西方大众敌视技治专家，这是 AI 时代一些西方国家反智主义、反科学主义盛行的结果。这类想法属于专家与大众关系的"冲突论"。

美国历史学家理查德·霍夫施塔特（Richard Hofstadter）发现，反智与反科学、反专家存在某些重合，但不完全等同于反科学、反专家，理由比较深奥，即虽然知识分子以专家身份说话，但"智识"（intellect）不同于"聪明"（intelligence）：知识分子拥有的是智识，而技术专家拥有的是聪明，两者是不同的，因为智识不是实用性或务实性的。反智就是反对知识分子，而他界定的知识分子并不是某种职业，如教授、律师、编辑或作家等。他认为，知识分子当然要有知识，但是更要紧的是要有"智识"，有知识不一定有智识。首先，智识是一种怀疑主义的批判性心态。其次，知识分子要有为真理而献身的虔敬精神。再次，知识分子自命为社会价值观的捍卫者。最后，知识分子有捍卫理性、正义与秩序的使命感。简言之，霍夫施塔特所说的知识分子是一般我们所说的批判性知识分子或独立知识分子，是保持着与社会、大众的某种疏离的某些知识群体，与新冠疫情中福奇等技术专家有所区别。但是，福奇在疫情中与总统、民众的意见不一致，又毫不隐瞒自己的观点，就转变为霍夫施塔特所称的"知识分子"。因此，霍夫施塔特理解的反智与反专家又是紧密相关。

保罗·费耶阿本德（Paul Feyerabend）是当代美国哲学界反专家的代表，主张将专家从社会中心地位中清除出去，并且主张"外行应该主导科学"。他认为，专家的意见常常带有偏见，是不可靠的，需要民主的外部控制。进而他主张在自由信息社会中，外行可以而且必须监督科学，比如国家科研政策是否有问题，科研机构是否浪费国家经费，科学家是否违背了学术道德，专家是否胡乱建议，等等。显然，这是走向 AI 时代的技术民粹主义。

费耶阿本德呼唤大众反对专家的权威。他指出，专家自认为是大众的老师，把大众视为学生，将当代社会事务的决策权窃为己有，阻止民主深入自由社会之中。在他看来，知识分子与专家没有区别，属于专家的一员，他们的意见没有什么特殊的重要性，解决问题重要的不是依靠专家意见，而是依靠适当的民主程序。他认为，伟大人物通过与伟大权力相结合来管理其他人的时代逐渐结束了。

费耶阿本德对专家的批评过于偏激。智能社会纷繁复杂，公共事务林林总总，普通公民不可能对它们都了解得一清二楚，也不可能花大量时间和精力去研究它们。因此，专家意见仍有重要的参考价值。费氏的"外行主导"在实践中的操作难度极大，产生的问题也必将不会少于"专家主导"。不过，他正确地指出，在 AI 时代，不能使技术专家的权力过大，否则他们会失去社会包容心，进而带来非常大的社会风险。

—— 4 ——

专家与大众沟通不畅

在《专家之死》中，美国学者汤姆·尼科尔斯（Thomas

Nichols）指出 AI 时代美国"专家已死"，并预测反智主义盛行迟早要给美国共和体制带来大麻烦。尼科尔斯将特朗普当选美国总统视为美国反智主义盛行的最重要表现。在美国，很多大众不喜欢专家，他们不认为、不反感特朗普无知，甚至会因为他表现出来的无知而将之视为大众捍卫者，他们反而认为高知精英都是阴谋暗中操纵美国人民的"坏蛋"。可以说，特朗普正是利用了美国民众的反智和无知赢得了大选。比如，在 2016 年美国总统选举时，特朗普曾明确反对疫苗，他站在了大多数美国人一边，宣称他只相信自己的免疫力。

尼科尔斯所宣称的"专家之死"指的是在智能社会中，美国专家与民众之间的沟通逐渐停止，老百姓对专家和知识怀有敌意，反专家情绪盛行。为什么会如此呢？他分析了诸多方面的原因：1）人性方面的原因。比如，人类生来喜欢抬杠，容易沉浸于自我幻想，专家指出民众的错误会被民众视为一种侮辱。2）达克效应，即越蠢的人越自信。3）证实性偏见，即只看得见支持自己观点的证据，却看不见反面事实。4）平等偏见，即美国人喜欢在什么问题上都要平等，也要求平等对待专业意见和非专业意见。5）智能革命之后，美国高等教育、互联网、新闻业和专家自身的不利因素也饱受争议。

在智能社会中，美国高等教育走向大众化和产业化，学生成了消费者，教授成了提供服务者，这种关系的异化导致整个高等教育的全面异化，上大学变得和购物差不多，这撕裂了专家与大众的关系。互联网，尤其是搜索引擎，扩大了专家与外行的分裂。

很多人误以为在网上浏览就是调研，没有批判思维，不作批判性思考，结果使自己变得越来越愚蠢。事实上，互联网并非集思广益的平台，还会让外行将很多观点误解为事实。其实网上基本都是某个人或某些人的想法的集合，但是很多人不经过思考和调研就将它们看作已被证明的事实。

尼科尔斯还指出，AI 时代美国的新闻界和新闻记者也没有站在专家一边。一方面，他们没有深入研究的专业能力，另一方面，他们也不需要研究，只要写一些大家喜欢的东西就可以了。AI 时代新闻娱乐化以后，消费者根本不关心重要的问题，更不关心新闻提供者专业不专业，媒体于是只是一味媚俗，而信息过载又让美国人几乎不相信任何新闻节目。

的确，专家可能会出错，这也导致公众对专家产生不信任。尼科尔斯将专家的犯错称为"专家失灵"，并指出了四种失灵的情况：1）正常的失败，因为失败是科学研究和做学术的正常组成部分；2）专家跨界发言；3）专家冒险进行预测；4）故意的欺骗。种种失灵情况的结果就是"专家已死"。

虽然尼科尔斯的分析针对的是美国，但是对当代中国同样颇有启发意义。如果不处理好专家与大众、科技与大众的关系，对 AI 时代中国治理体系走向现代化和治理能力的提高将形成不小阻力。

一些专家看不起老百姓

专家与大众的关系紧张，也有人认为是大众僭越导致的。也就是说，在智能社会中，有些知识分子也敌视大众，这类知识分子被称为"反民粹主义者"。反民粹主义者不只是轻视大众，而且敌视大众，将大众视为某种危险的来源。

传播学家沃尔特·李普曼（Walter Lippmann）主张"公众归位"，即公众做好自己的本分就行，并不需要领导、治理或统治社会。他认为，在美式民主政治中，公众要回归其真正的位置，即局外人、旁观者和危机参与者。可以这样解释：1）公众只是政治活动的外围和边缘，而非真正的社会管理者；2）公众只需旁观政治事务的处理，通过选举表达支持或反对，人民只是名义上的最高主权者；3）当民主社会出现重大危机，尤其出现蛮横的专制、极权和独裁时，才需要公众舆论支持反抗者。这便是人民在美国的真实地位。

李普曼认为，智能社会中的大众在政治事务中起不到什么作用，精英才是局内人和代理者，是真正理解和处理政治事务的人，公众只能通过选举来选择代理人去应对社会公共治理事务。也许有人会说，选举不就是让政客履行人民的意志吗？但是李普曼认为这完全是胡说。选举完全是游戏，挑个候选人跟画个圈儿一样，根本不能反映什么公众意志，美式民主制实际上同时是一种集权制度。

李普曼从现实主义角度来理解公众舆论或人民意志，认为民主包含集权的情况并不是美国独有的，而是民主政治无法根治的困境。因为普通老百姓平时忙于生计，而且公共治理事务与他们没有直接关系，所以没有兴趣耗费时间和精力去研究政治事务，更没有能力深入分析政治问题。在这种情况下，AI时代能指望按照多数原则由人民引领政治活动吗？似乎不可能。他认为："民主政治理论的基本前提是公众引领公共事务的发展，而我认为，这样的公众纯粹是个幻影，是个抽象的概念。"按照"幻影公众"理论，大众是非理性的，既不可能在政治论战中提出什么有价值的观点，也不可能真的执行某种政治选择，甚至根本不能形成统一意见，即所谓"人民意志"。

如果真的让大众领导社会发展会如何？李普曼认为，结果很可能是"公众暴政"。因为按照无知公众的多数原则来行动，必定会导致一派对另一派的流血冲突，以及对少数派的血腥镇压。这里根本没有什么大众意愿。比如选举，它并不能表达大众意愿，基于多数原则的选举不过是不流血的书面战争动员，因为倘若反对多数人选出来的代理人执政，便是向那些支持者进行了宣战。

李普曼同样认为政府也不是人民意愿的代言人，而是被选举出来处理各种问题的，尤其是那些呼应公众舆论的问题。在智能社会，公众选出某个政治专家去解决问题，并没有要求政治家对某个具体问题应该如何处理，这才是李普曼所以为的"公众参政的理想运行模式"。

显然，李普曼属于典型的反民粹主义者。纵观 AI 时代世界政治，民主制是大潮流，反民主是逆潮流而动。所以，李普曼被无数人批评过，约翰·杜威（John Dewey）就专门写下《公众及其问题》来与他的观点针锋相对。但是，李普曼的现实主义分析非常有力，指出了美式民主制实施中的诸多真相，值得认真对待，尤其是对于 AI 时代完善民主制颇有启发。

—— 6 ——
AI 时代，大众与专家

AI 时代，专家与大众必须以各种渠道，尤其是利用智能平台，进行不断互动沟通。技术治理的实施者要在专家意见与大众诉求之间寻找平衡，努力做到公开透明、兼顾各方利益，促进各方的相互理解。这在一定程度上和一定范围内亦是可以实现的。

技术专家要增强与大众互动和沟通的意识，国家也要对科学普及和科学传播予以制度上的保障。换言之，在搞好专业研究工作之余，专家要不惮于扮演智能社会公共知识分子的角色。在智能社会中，公共知识分子并非知识生产者，而是知识的传播者和普及者。专业知识生产的专家生产出的专业知识，需要经过通俗化，才能在人民群众中传播和普及，此时就需要公共知识分子。从大众角度看，大家的知识需要更新，观念需要与时俱进。但是，学院中的知识创新太过艰深，因而需要公共知识分子作为中介，进行知识"降维"，使之成为人民群众可以吸收的知识"养料"。按照学者哈理·柯林斯（Harry Collins）和罗伯特·埃文斯（Robert Evans）的概念，公共知识分子属于互动型专家，能同时与专家和外行进行沟通，因此就为专家研究与公众意见之间架起一座桥梁。

在智能社会中，试图通过互动增进专家与大众之间的信任，专家不能再摆出高高在上的姿态。如今，大众受教育程度普遍提高，大家都是多元格局中的一员，各有所长，各有所好，地位平等。专家，尤其是 AI 专家，要时刻意识到自身专长的局限性。所谓专家，即拥有某种专长，但在其他领域并不一定擅长的人，他们甚至对专业之外的事务的了解可能还不如普通公众。因此，专业之外的事情，专家最好不要置喙。

现在，一些专家因为某种专长获得了社会声誉，于是对自己认识不清，或者心态膨胀，甚至别有企图，什么事情都要发表意见，俨然"万事通""万金油"，惹人厌烦。对于跨界发声的专家，大众要有分辨力。不要认为只要是大专家说的，就盲目相信，要充分利用智能平台和 AI 工具等仔细审视，独立思考。专家谈专业之外的事情，大众不必当真，权且作为一种意见而已。总之，专家离开自己的专业，就不再是专家。

在智能社会中，专家权威很大，尤其是 AI 专家权威肯定会越来越大。所以，难免会有很多非专家想法冒充专家，以获得某种好处或利益。除了分辨专家是不是在讨论专业问题，大众更要擦亮眼睛，看看发言者到底是不是技术专家。比如说，某农业专业机构的人不一定是农业专家，可能是下属公司的推销人员；某某学会的负责人不一定懂某某学，而是发挥余热的退休官员。网上挨骂的许多"砖家"，不少是假专家、伪专家。

很多时候，尤其是在网上，专家发表的意见只具有参考性，并非百分之百正确。所以技术专家在建议时，不要讲得信誓旦旦，容不下不同的声音和批评意见。关于同一个问题，专家群体内部的意见常常不一致，甚至针锋相对。比如，对于中国人口出生率下降，不少专家表示忧虑，但也有不少专家持乐观甚至欢迎的态度。但是，大众不了解专家意见分歧，很容易将某人某说当成所有专家的看法，进而对专家形成成见。

面对"离谱"的专家建议，大众要理解：在现实决策中，专家的作用有限，主要集中于建议权范围内，说了并不算。大众常常误以为专家意见是最终决策，实际上，它们只是某种备选的建议方案。换言之，在 AI 时代，专家的意见是辅助性的，决策主导权仍然在政府手中。因此，如果决策出现什么问题，专家应当承担的责任也是有限的，不应该因此成为"背锅侠"。

对于大众的批评，专家要认识到：听到的批评声音不一定代表大众意见。尤其是在网络环境中，"沉默的大多数"并没有发表意见。并且，大众一样可以有不同的意见，甚至针锋相对的看法。专家提出某种建议，有人批评，肯定也有人赞同。因此，对于批评意见，重要的是认真吸取和反思，吸收中肯和合理的因素。

无论专家还是大众，都要明白：在社会主义民主制度之下，面对新问题、新情况和新形势，智能社会中会存在各种不同意见的冲撞乃至争吵，这是很正常的情况，有利于社会进步和人民福祉。所谓"真理越辩越明"，争论本身也是科学传播过程，会让更多的人关注相关问题，了解相关新科技知识，尤其是智能技术知识。因此，国家和政府要支持类似的互动，而不要简单地压制，要求舆论场完全统一看法。

—— 7 ——

结语：沟通

如果专家与大众的关系持续恶化，甚至走向敌对，将会导致诸多社会风险，甚至阻碍未来智能社会的正常运行。首先，这会加重社会分裂，影响各阶层团结，增加社会冲突的可能性。其次，这会影响智能社会的技术治理，降低公共治理和社会运行的效率。最后，对专家的敌视会逐渐扩展到对科学、技术和专长本身，助长反科学、反智的思想，不利于科技事业发展和全民科学素养的提升。总之，专家与大众关系问题非常重要，并不仅仅是网上"看热闹"那么简单。

在中国语境中，反智、反科学的思潮并不盛行，大众对专家信任度更高。但是，此种信任必须通过专家与大众之间持续互动来维护。既然是互动，双方都要做出努力：AI 时代的技术专家要勇于发表专业意见，不能因为怕挨骂就沉默，而大众也要勇于表达民众意愿，去影响专家意见，不能因为业余就不敢作声，更不能因为不赞同某个专家意见就不信任整个专家群体。无论如何，未来中国的专家与大众之间要相向而行，而不是越走越远，甚至完全隔绝开来。

第 12 章

———

新道德

智能社会，伦理如何变化？

AI时代，人类的道德观念正在发生重大变化。这与最近几十年来生物学、心理学、脑科学以及人类学、考古学等学科开始深度介入人类道德研究有关。它们试图用实证方法、自然科学证据来说明人类的道德感与道德规则，与以往主要靠哲学、文学、宗教和神话等人文资源来讨论道德问题的时代大相径庭。此类科学的道德研究相信人类道德存在自然基础（如基因、地理和气候等），而非天启或神予的，也不完全由文化熏陶所成，或者应该这样说，人类文化塑成亦离不开自然基础，因而可以将之称为"道德的自然主义解释"。

在网络空间中，新道德观念以各种形式迅速传播，开始收获越来越多的拥趸，并且开始逐渐改变大家——尤其是AI时代最容易接受新观念的年轻人——的道德行为。比如网上热议的PUA（Pick-up Artist，搭讪艺术家）现象，即一些人在人际关系尤其是两性亲密关系中，用言语打压、行为否定、精神压抑等心理学手段对人进行情感控制。不平等、不健康的恋爱关系，一方过于依赖或过于软弱，现在越来越多的年轻人视之为类似PUA的精神控制技术所导致的结果。可以预计，在未来智能社会中，科学理解人类道德的趋势必然愈演愈烈，最后成为未来AI时代的主流道德观念。在未来智能社会中，如此新道德会如何变化，有什么新特点？

分析一些具体道德问题的自然主义理解，可以大致窥测一二。

—— 1 ——

良心，源于自然演化

传统观念认为，有无道德是人与动物的本质区别。动物不知羞耻，当众排泄交配。可是，人为什么有道德？在进化论提出之前，这不是一个问题：是人就有道德，没有道德就不是人，问道德何来等于问人何来。在上古神话中，女娲抟土造人，造出的人类明白是非善恶。也就是说，人的道德感由神所给予，而神明没有赐予其他动物道德感。然而，按照进化论，人从猿猴演化而来，猿猴没有伦理，那就要追问人的道德从何而来了。在 AI 时代，大部分人会认同人的道德并非没有先天成分，不完全是由后天社会学习得来的。若果真如此的话，生活在人类社会的动物也可以或多或少学成有道德感的动物，当然，这种想法基本不能被当代人所接受。

抛开具体的道德规则不说，似乎所有人都具备天生的道德感即良心，良心使得人类具有道德能力。自从人类进入信息社会，行为主义心理学越来越兴盛。从行为主义心理学的角度看，所谓有良心表现为：第一，有良心的人会发自内心地阻止自己做出反社会的行为；第二，有良心的人会因遵守社会准则而自豪。但按照自然主义解释，良心从何而来呢？下面的回答主要包括两个方面的内容。

第一，良心具有生理基础，主要来自人的大脑。

人类的道德行为受特定脑区控制，某些道德能力直接与特定脑区相连，如果该脑区受损，就会丧失该道德能力，比如前额叶皮层受损导致无法自控。确实存在这样的案例：一个循规蹈矩的教授，40岁时大脑中长出良性脑瘤，压迫前额叶皮层，他便开始失控，多次猥亵儿童，甚至试图强暴11岁的小女孩。一些冷血精神病患者或杀人狂，通过CT扫描都可以发现其脑部有缺陷，导致道德情感不健全，缺乏对他人的同情关爱之心。

还有很多研究证明，人类的道德情感受大脑中的某些部位如新皮层、基底核和新皮层下区域的调控。在《心智考古学》一书中，神经生物学家雅克·潘克塞普（Jaak Pankespp）和路茜·彼文（Lucy Biven）分析了人的七种基本情感，即探索、愤怒、恐惧、欲望、关怀、惊慌/悲痛、嬉戏等发生的生物–化学机制，将道德情感理解为情绪唤醒时相关的身体反应，如分泌多巴胺、睾酮等。

第二，良心产生于自然演化过程，无需借助神力。

显然，良心并非生物在地球上存在的必要条件，因而必须从生物学上对道德感的出现进行进化论解释。大约七百万年前，当人类与猿猴分道扬镳之时，还并不具备道德感。二十万年前，原始人与现代人在解剖学上几乎已没有差别，但仍然没有良心，不过是另一种大型哺乳动物，并没有什么特殊之处。大约四万年前，智人的一支克罗马农人突然出现戴蒙德所谓"跳跃式演化"，拥有了道德感，开始照顾老弱病残，成为现代智人有道德的祖先。至于克罗马农人为何智慧爆发，目前并没有公认的解释，戴蒙德猜测原因是人类语言的产生，博姆则估计是人类大规模狩猎刺激的结果，等等。

很多人将良心演化机制归结为特殊的自然 - 社会选择机制，主要包括群体惩罚和声誉选择两种途径。前者指的是原始人群体结成某种联盟，对令人憎恶的个体进行致命攻击。换言之，原始人群体会有组织地谋杀某些威胁他人的人、过于自私自利的人等。后者指的是通过流言蜚语式的说教，将伦理规则在代内和代际进行传播和固定。这两种相互支持和融合的社会选择途径，压制和消灭没有良心的个体，逐渐改变了人类的基因库和行为方式，留下有良心的后代，因而是一种特殊的自然选择过程。

一些人将群体惩罚解释称为"死刑假说"，即"针对攻击性及其有利于更大程度温顺性的选择，来自对极端反社会个体的处决"。至于谁主导此类集体灭杀行为，存在着男性主导和女性主导两种不同看法。男性主导主义者认为，这种集体行动是男性长老领导的，而女性主导主义者则认为相反。无论如何，大约四万年前，大规模的部族集体灭杀与人类驯化暴烈野生动物类似，属于个体性状选育过程。经过建制化的选育之后，现代智人进入道德史的新阶段。

美国人类学家兰厄姆认为，针对攻击性个体的压制，与早在约五十万年前开始的人类自我驯化过程有关，只是在四万多年前成为大规模、有组织的人类活动。家养动物比野生祖先更温顺，是人类驯化的结果。在驯化家畜的同时，智人本身也开始自我驯化。哺乳动物被驯化之后，出现一些普遍的解剖学变化，比如体型变小、脑容量减少、耳朵耷拉等，是某种"幼态延续"，即终生保持幼年期的性状。除了被人类驯化的家畜外，可以观察到野生动物也有自我驯化现象，典型的比如倭黑猩猩。在智人进化的早期，人类进行过自我驯化，"患上"驯化综合征，表现出类似的驯化性状，其中最重要就是攻击性的大幅度降低。

—— 2 ——
人，越来越温顺敏感

自我驯化真的能减少暴力，让人类变得更良善了吗？自然主义者认为，在自我驯化过程中，个体使用暴力被压制，但集体使用暴力被鼓励。前者是受到威胁时的攻击性反应，应激性和情绪化很明显，属于反应性暴力。而后者则是有目的、有组织并非常理性和冷静的攻击行为，属于主动性暴力。在日常生活中，人类表现得越来越温顺。调查表明，41%—71%的妇女在一生中遭受过男人的殴打——让男人无地自容的数据——而在黑猩猩中这一数据是100%。也就是说，相比类人猿，人类有时更温顺，可有时更具暴力，此即兰厄姆所谓"善良悖论"。

因此，人类的自我驯化并未能作用于主动性暴力，而是可以视为联盟式主动性暴力对个体化反应性暴力进行攻击。也就是说，在进化过程中，从更久远阶段继承下来的主动性攻击被强化，升级出联盟式主动性攻击。在少数的动物例子中，主动性攻击基本发生在不同群体之间的冲突中，而原始人大量将之运用于群体内部，来帮助部族更好地生存。

按照上述自我驯化解释，人类之所以变得有道德，主要归功于集体杀人，以及害怕被集体杀死的压力。正是联盟式集体暴力的发展，才推动人类阶级社会关系不断发展，也导致人类战争烈度不断上升。因此，"更难的挑战是降低人类有组织地实施暴力的能力"。

当然，也有人认为，战争烈度上升，并不代表人类社会总体暴力水平在上升。在《人性中的善良天使》中，哈佛大学心理学家斯蒂芬·平克（Steven Pinker）指出，人类文明存在六大暴力减少的趋势，可以用数据资料加以证明：1）"平靖过程"，即社会从无政府状态发展到有政府状态，在政府的控制之下暴力行为减少；2）文明进程，即封建割据的农业国家发展到中央集权的商业国家，国家注意力更多转向经济利益，而不是暴力争夺领土；3）人道主义革命，即各种人道主义运动的发展，反对诉诸暴力；4）长期和平，即第二次世界大战之后，各个大国之间的总体战争停止了；5）新和平，即冷战结束后各种武装冲突进一步减少了；6）权力革命，即第二次世界大战之后，各种争取社会权力的运动如人权运动，减少了暴力行为。

在历史学家诺贝特·埃利亚斯（Norbert Elias）看来，暴力减少的原因不仅是因为有组织的死刑及其威胁，还包括人类个体自我控制的加强。在《文明的进程》中，他将之称为"文明化"（我称之为自控驯化，不同于上述的暴力驯化），其中关键在于人对情感和行为的自控倾向的建立和自控能力的增强，即"人的情感和情感控制结构一代又一代地朝着同一方向，即朝着控制越来越严格、越来越细腻的方向发展"。

埃利亚斯将自控驯化的时间锁定在中世纪末期，理由是，自彼时开始了社会分工，以及国王开始独占暴力与税收。前者指的是社会分工加剧，人与人之间相互依赖、相互依存逐步加深。此时，智人需要更多地考虑别人的情绪，不能太过自我，尤其不能动辄情绪爆发而诉诸暴力；后者指的是中世纪末期，从贵族封建逐渐走向国王专制，即国王独占了使用国家暴力——常备军出现——和征收赋税的权力。此时，以往动辄诉诸暴力的骑士贵族逐渐衰落，他们被讨好国王的宫廷贵族取代。在埃利亚斯看来，宫廷贵族与国王相伴，时时注意不要惹恼国王，必须对自己的一言一行进行控制，逐渐养成自我控制的心理状态。由于宫廷中文化、习俗和礼仪等万众瞩目，被宫廷之外的民间社会所模仿，因此，自我控制的心理状态逐渐向更广泛的社会传播，逐渐改变了整个社会的心理状况。

自控驯化主要涉及文化选择，对西方人的心性和情感产生了重要的影响。在自控驯化之后，"能自控的人"出现，即智人开始对情绪进行自我控制，而不像以往一样即时爆发——换一个说法，理智化或理性化的人，脱离了中世纪无法自控的武士状态，成为现代人。在埃利亚斯看来，有自控力的现代人才是文明人，他们拥有强烈的羞耻心，即会为失去自我控制而无比羞耻：

> 我们通常称之为"羞耻感"和"难堪感"的本能的独特规范，像行为的"合理化"那样，也是文明的进程的特色。理性化的强大浪潮和同样强大的羞耻与难堪感的浪潮，特别是从16世纪起，在西方人的表征中愈益感受到它们的冲击；它们是相同的心理变异的两个不同的方面。

换言之，文明化是对智人越来越严厉的心理和行为压抑。在文明世界中，从儿童到成年，意味着在数年之内按照社会要求形成足够的自控力和羞耻心，改变原始的、最初的人类本性。

随着智能技术的兴起，此类自控驯化将愈演愈烈。近年来兴起的量化自我（quantified self）现象，即用可穿戴设备、传感器等搜集个人在生活中的各种数据，如运动、睡眠、饮食、心情等，目标是反思和控制自我，属于典型的 AI 自控驯化。在一定程度上，AI 时代的自控驯化可以帮助提升人类道德水平。但同时，它也导致隐私、成本等技术风险。很多人担心，过于严格的 AI 自控驯化，未来会使人多少有一些精神分裂的症状。

—— 3 ——

基因自私，却催生利他行为

相比于良心和暴力的讨论，利他行为问题更难以科学地解释。"自私的基因"（生物学家理查德·道金斯语）这个词，如今大家耳熟能详，它的意思是：基因为复制自身会"不择手段"，因而决定了人类生来自私。可是，在现实中，智人的利他行为却不少见，甚至舍己为人的行为也非绝无仅有。尤其是与动物相比较时，这一点非常明显。

利他行为如何与基因自私协调起来呢？对此，自然主义者给予了足够的关注，尤其是社会生物学、行为经济学和组织心理学的研究。

有时候，利他给个体带来好处，完全可以由自利动机所驱动，此即一般所说的互利互惠的合作行为。但是，很多利他行为对个体没有好处，完全是利他的。对此，自然主义者最初的解释是群体选择论，即自然界的利他行为在进化中出现是为了造福群体，而并非有利于个体的生存。对此，一种难以回答的质疑是：一群利他者中存在少数利己主义者，利己者会占利他者的便宜和伤害他们，长此以往的结果是利他者的灭绝。这种攻讦被道金斯称为"内部颠覆"。

后来，自然主义者提出所谓亲缘选择的新解释，即智人可能对近亲属采取完全利他行为，比如父母对子女的无私奉献。为何会如此呢？因为近亲属与利他者共享相当人一部分的基因，因此近亲利他对利他者的基因存续和传播有利。这就是所谓"内含适合度"观点，即利他行为可以提高内含适合度。

内含适合度理论也解开了社会学昆虫群体中不育的谜团：通过非同寻常的遗传机遇纠葛，膜翅目昆虫（蚂蚁、蜜蜂、黄蜂、锯蝇）中的雌性可以与姐妹分享高达 75% 的遗传物质，但只与后代分享 50%。根据汉密尔顿法则，由于亲缘系数如此之高，自然选择将会强烈地倾向于有利于姐妹的行为，即使是以不育为代价。

也就是说，近亲利他行为不仅表现在智人群体当中，在诸多社会动物中也普遍存在。

进一步看，内含适合度概念可以将解释力扩展到非亲缘性的利他行为。比如，人类早期与亲属是居住在一起的，这就演化出邻里利他的行为。换句话说，帮助身边的人是因为进化史上邻里很可能是亲属。从帮助身边的人扩大到帮助熟悉的人，内含适合度概念在一定程度上可以解释非亲缘利他行为。

但最难解释的是，合作行为常常在素不相识的人之间发生。此类现象，自然主义者常常用利他的社会偏好解释：1）人类群体会设计保护利他者不被自利者剥夺的种种方法，2）长期且复杂的社会系统引导个体内化合作行为规范，3）群体而非个体竞争是人类演化动力学的决定性理性。换言之，这里又回到群体选择的道路上去了。

因此，自然主义者对利他行为的解释，存在从基因决定论到社会决定论、从自利合作到利他合作的断裂。以《合作的物种》一书的解释为例：

> 首先，人们之所以合作，并不仅仅是出于自利的原因，也是出于对他们福利的真正关心，试图维护社会规范的愿望，以及给合乎伦理的行为本身以证明的价值。出于同样的理由，人们也会惩罚那些盗用他人合作行为成果的人。即使付出个人成本，也要为了群体的利益而为联合项目的成功作出贡献，这样的行为会激起满足、骄傲甚至欢欣的感觉。而如果人们不这样做，那么这件事常常会成为羞耻和内疚的源泉。
>
> 其次，我们之所以变得具有这些"道德情感"，是因为在我们祖先生活的环境中（无论是自然还是社会形塑的），那些由具备合作和维护伦理规范倾向的个体组成的群体，比起其他群体更加容易生存并扩展，这时的亲社会动机能够得到扩散。第一个命题与亲社会行为的直接（proximate）动机有关，而第二个则指出了其缘故的演化起源以及这些合作倾向持续存在的原因。

仔细想一想，合作的确有利于生存。比如，人类大脑耗能巨大，因此需要大型猎物作为食物，但只有通过合作才能捕获大型猎物；智人早产的婴儿，十八个月才能行走，需要成人的照料，所以合作在抚育子女中非常重要。但是，合作有利于智人生存，并不能解释智人是如何进化出利他行为的。显然，以"有好处"来解释利他行为，属于目的论解释，即似乎基因有意识，能自行判断如何进化更有利。并且，这种解释很难分清楚因果关系。比如，是合作抚育子女导致人类后代还走不了路就被生产下来，还是人类早产才逼得智人不得不合作抚育。

总之，对人类利他行为的研究，自然主义者取得了一些进展，但迄今为止，还没有形成令人信服的融贯理论。但是，这不会阻止此类观点在智能社会尤其是年轻人中传播。

—— 4 ——

长寿，改变人类道德

如果自然主义的基本假设成立，即人类的道德行为存在自然基础，尤其是智人身体的自然属性（基因和生物性状）基础，那么不仅可以用自然因素解释道德行为，还可以尝试用自然因素及其变化来预测道德规则。比如，智人越来越长寿，便应该引发当代社会道德规则的改变。

在文明史的绝大部分时间中，人类平均寿命三四十岁。由于新科技尤其是医学、卫生和农业科技的迅猛发展，比如巴斯德发明疫苗，弗莱明发明青霉素，以及农业技术推广中的"绿色革命"，20世纪下半叶主要国家的人均寿命都在大幅度提高。在发达国家，这一数字甚至超过了八十岁，导致进入老龄化社会或长寿社会。可以预测，随着智能社会走向成熟，人类的平均寿命不久会突破一百岁。

以往，有种流行观点认为，物种寿命由生殖时刻所确定，即它不能繁殖之后就会很快死去，因为如此最能推动物种进化，而不必浪费能量和资源。最新的寿命理论认为，衰老是基因组修复出现了问题，而死亡是衰老的结果。也就是说，随着基因不断复制，可能出现损伤和错误，积累下来便是衰老和死亡。那么，如果能运用科技手段修复受损的基因组，甚至重新设计基因组，便可以延长寿命，避免衰老，甚至于理论上可以说人的寿命没有上限。

可以预计，随着基因疗法的不断发展，智人的平均寿命还会大幅度提高，这将给人类社会的伦理规则带来直接的冲击。可以想一想：平均寿命增加十岁，人类道德状况会发生什么变化？

长寿意味着人口压力增加。绝大多数的研究者认为，地球负载人口数量有限度。人的寿命增加，一个世代时间拉长，想维持人口不增加，必须降低现有出生率。以往的一些传统生殖伦理观念，比如早生贵子、多子多福等会被抛弃。目前，不婚不育的人越来越多，AI时代这将会更加普遍。随着生殖技术的推广，如今中老年人生育的情况会增加，对此的道德评价正在发生改变。

随着人类的平均寿命不断增长，传统的人生分期标准也逐渐发生变化，对待老年人的态度也会发生变化。以往认为三四十岁即人到中年，如今中年时期正在推后，五十多岁也慢慢被纳入中年阶段。与此相适应，很多国家已经推行延迟退休政策，将工作期限延长至六十岁之后。许多退休老人身体很好，不一定像以前那样去颐养天年，而是可以发挥余热，或者实现年轻时没有完成的心愿。AI 的发展使体力在劳动中的作用下降，为老年人再就业创造了很好的条件。除此以外，很多人开始觉得年长并非受人尊重的理由，老年人与年轻人在生活方式上日益相互影响。总之，这些变化都在改变着当代社会的伦理生活。

再从宏观层面考察，在未来智能社会，长寿可能导致政治、经济和制度等方面的伦理风险。一些人认为，长寿可能导致经济衰退，因为有钱的老年人不爱消费，而爱消费的年轻人没有钱，于是大量的社会财富静止在银行账户上，社会流动性降低。在政治上，老年人中的既得利益者相对更多，在政治上倾向于维持现状，反对社会改良，甚至走上老人专权的极端情况。此时，一些老人主导制定的公共政策出台，利于老年人而不利于年轻人，可能加重阶层固化的情况。当然，长寿也有很多积极的伦理效应，比如老年人增加有利于社会安全，对长寿的追求可以刺激科技和经济的发展等。典型的，比如机器人养老，在未来将成为常态，这是AI 经济中最亮眼的增长点，也有利于人类寿命的增加和老人晚年的幸福。

总之，人类平均寿命的增加，对于 AI 时代的伦理状况将产生冲击，这说明道德规范变迁也受到自然因素的影响。

—— 5 ——
人，并非褪了毛的猴子

上述讨论聚焦于人性的自然主义解释，即"人的自然物种论"，在最近几十年越来越流行。它包括人性的基因决定论和环境决定论，不承认人性的特殊性，认定人在本质上不过是褪了毛的"裸猿"。

与之相对，不少人坚信人类有特殊之处，坚称人类的文化使之不同于黑猩猩，此即"人的文化物种论"。对此，自然主义者进行了批评。如戴蒙德承认"人是万物之灵"，但坚持文化、文明有其自然基础：

> 其实，我们成为万物之灵，凭的是文化特征，这些特征建筑在我们的遗传基础上，赋予我们力量。我们的文化特征包括语言、艺术、基于工具的技术，以及农业。

戴蒙德举艺术为例子，认为艺术并非人类独有。为什么呢？第一，园丁鸟搭建的鸟窝很漂亮，很多动物，包括黑猩猩，在人工环境中都会作画。也就是说，艺术活动在自然界中有其"前身"。第二，艺术存在是因为在基因复制活动中有用，即艺术品可以交换"性"，像漂亮鸟窝可以吸引雌鸟一样。也就是说，戴蒙德无法证明动物能审美，就给艺术起源提供了一种自然解释。并且，他还专门谈到黑猩猩为什么在野外不作画呢，因为忙于生计没有闲暇。

显然，戴蒙德式的自然物种论存在很多问题。如上所述，把人性归结为自私基因，解释不了人类社会普遍存在的陌生人合作行为。又比如，如果人性由自然决定，那么人类做的坏事都是身不由己，这样的思路容易走向道德虚无主义。再比如，著名的"佩辛格效应"说明，自然主义研究可能威胁宗教。20世纪90年代中期，加拿大神经心理学家迈克尔·佩辛格（Michael Persinger）发现，将轻微的电磁脉冲作用于受试者大脑右侧颞叶，受试者会感到强烈的宗教体验。有人惊呼，我们在大脑中找到了上帝，上帝只是一种物理反应而已。

但"文化物种论"同样存在诸多缺陷。首先，说不清楚的时候，就用"文化"一词搪塞，好像人类社会的一切都可以被"文化"囊括。于是，文化决定人性基本上等同于人性决定了人性。也就是说，人性就是如此，无需证明。其次，蕴含神或智慧设计者。我们举个例子，哈佛大学人类进化生物学系教授约瑟夫·亨里奇（Joseph Henrich）在其坚持"文化物种论"的《人类成功统治地球的秘密》一书中，如此解释人类在更年期之后还能活很久的问题：

> 然而，鉴于身体素质的下降，尤其传统社会中，我们可以帮助年轻亲戚的主要方式之一就是传授积累的智慧。这就是为什么是人类，而不是其他灵长类动物，在停止生育之后，

甚至在停止经济生产之后还可以存活几十年。

这段陈述背后是不是有个好心的神在操纵？因为神看到人类需要传授知识，因此就延长了人的寿命。实际上，更年期之后还能活很久的动物虽然不多，但绝不止是人类一种。也就是说，上面的陈述意味着：人类是碰巧如此的，根本不需要任何解释。今天，人类的学习不再依赖于老人，而是可以通过学校、书籍、图书馆来学习，那么，老人是不是到了更年期之后就可以马上死去了呢？

最后，无论是"基因决定论"还是"文化决定论"也都同样不可靠。文化对人的身体和心灵有影响，这没什么疑问，比如最近流行女人白瘦幼、男人要"练块"，以及量化自我等时尚，渐渐改变了很多人的身材。但是，此类影响有多大？能不能算是最重要的？能不能反作用于人的基因从而在生物性状、行为性状上遗传下去？这些问题都需要科学论证。不能将"影响重大"等同于是文化因素决定了自然因素。也就是说，不能将文化上的轻易转化为遗传上的，反之亦如是。

—— 6 ——

结语：探索

在未来智能社会中，越来越多的人会开始注重人性起源的调和论。比如，不少行为主义者相信，人类的演化是基因选择、环境选择和文化选择三者共同作用的结果，反对一定要在基因、环境、文化三者中排个高低，将另外两者统摄于最高者之下。这种观点虽然颇有道理，但是人性探索非常之复杂，应该鼓励各种进路齐头并进，不断加深对问题的理解。

更重要的是，人性在自然方面不断在演化，在文化方面也不断在建构，因此，人类对人性的解释始终是有限度的，不可能一劳永逸地给出解释，因而，必须避免走到决定论的道路上。

人性论是社会道德观念和伦理关系的基础。在未来智能社会中，对人性的新理解将极大改变人类的道德状况，尤其是日益走向自然主义的一面。然而，人类道德行为是先天与后天两方面因素综合作用的结果，既有自然属性，亦有社会属性。可以说，人性的自然基础给人类道德提供了某种可能性空间，而具体的道德状况因为不同的文化类型而丰富多彩，均有待跨学科进行深入研究。

第 13 章

情 感

我们可以和机器人谈恋爱吗？

迄今为止，对人形机器人的研究经过了四个发展阶段：1）1969 年至 1995 年的缓慢静态行走阶段，以早稻田大学的人形机器人 Wabot 为代表；2）1996 年至 2015 年的连续动态行走阶段，以本田公司的人形机器人 Asimo 为代表；3）2016 年至 2020 年的高动态运动性能阶段，以波士顿动力公司的人形机器人 Atlas 为代表；4）2021 年至今的初步商业化落地阶段，以亚马逊公司的 Digit、优必选公司的 Walker 和特斯拉公司的 Opitimus 等人形机器人为代表。如今，很多人都认为，人形机器人（humanoid robot）的发展，已经到了它的"iPhonee 时刻"。

相比日、美等先发国家，中国加入人形机器人赛道较晚，但是中国在人形机器人研发后来居上，在量产机器人方面具有制造业领先的优势。国内科技龙头企业华为、腾讯和小米等，都已加入到人形机器人的产业竞争之中。加之中国政府对人形机器人在政策上的大力扶持，尤其是 2023 年 10 月工业和信息化部印发了《人形机器人创新发展指导意见》，判断人形机器人（humanoid robot）"有望成为继计算机、智能手机、新能源汽车后的颠覆性产品"，为此，一些人将 2024 年称为中国的"人形机器人元年"。

机器人做成人形之后，能更好地出现在人类居住的环境中——因为人居环境是按照适合人体的尺寸和形状建造的——更好地陪伴和服务主人。很多产业圈内人士预计，机器人尤其是养老机器人与情爱机器人，很快就会大规模出现在普通人的家居环境中。完全可以预测，人与机器人进行情感交流，将成为未来智能社会的常态。彼时，人与机器人能否和谐相处呢？更特别的问题是，我们可以和机器人谈恋爱吗？人类爱上人形机器人是各种科幻文艺中的常见情节。可是，人真的能"爱上"机器人，机器人会真的"爱上"人吗？当人与机器人之间的情感关系无处不在时，未来的婚姻和家庭会受到什么影响呢？

—— 1 ——
爱你，AI 并不用"心"

在科幻电影《机器姬》中，程序员迦勒爱上了美女机器人艾娃，可艾娃勾引他只是为了逃脱囚禁。最终，迦勒因被艾娃利用送了命。艾娃被设计得五官精致，身材火辣，又风情万种，迷惑"宅男程序猿"可以说是分分钟的事情。但艾娃并没有爱上迦勒，她只是假装爱上他，欺骗了他的感情。其实，仔细想一想，艾娃不是人，没有"心"，她能像女人一样爱上男人吗？既然答案是否定的，那么她利用迦勒和一般女人欺骗男人的感情是完全不同的。或者说，迦勒自以为艾娃爱他，不过是自我欺骗罢了。要弄清楚类似问题，必须明白情感与机器情感是如何运作的。

实际上，情感并非智能的充分必要条件。有情感的不一定有类人智能。比如，哺乳动物有明显的情感特征，却没有理性能力。主流意见认为，人类情感与动物情感存在重大差别。一些心理学家把人类情感牵涉的脑区分为高级脑和低级脑，将某些人类独有的情感特征，比如情绪感受、情绪控制等归结为高级脑的功能。反过来，有类人智能的，不一定有情感。比如，能进行逻辑推理和数学演算的计算机，如果没有情感计算功能，就没有任何情感表现。

大致说起来，情感的功能主要有两个方面：1）适应性，2）个体化。前者指的是情感生物更能在地球上存活下来，比如在愤怒情绪之下，哺乳动物能调动全身的机能和对手决斗，肾上腺素激增甚至可以让它暂时感觉不到疼痛，从而更可能战胜对手而存活下来。后者指的是情感生物更能有独特的自我意识，因而不同的情感反应模式通往不同的个体自我认同，比如艺术家们的情感世界更为敏感纤细。没有证据表明个体化更有利于个体或物种生存，但人类的个体化无疑是多元文化样态的基础。

相比于道德，在地球环境中，情感对适应性的贡献更高，因为情感帮助所有哺乳动物在地球上生存，而良心仅仅在现代智人身上唯一地出现了。就智能迭代而言，AI不需要道德，去道德化的AI个体适应自然环境的能力不会降低。如果仅仅谈AI对自然环境的个体适应度，机器人也不需要拥有情感，但是想要与人类更好地互动，AI应该对人类情感做出适当的反应。这是机器人情感设计产生的根本原因。AI情感最根本的目标是更好的情感互动，而不一定真的具有能感受情绪的"心"。换言之，AI 情感是人类适应性的，而不是出于 AI 个体化需要。

1985 年，人工智能奠基人之一的马文·明斯基（Marvin Minsky）指出，"问题不在于智能机器能否有情感，而在于没有情感的机器能否实现智能"，开始号召计算机科学家研究机器情感问题。1995 年，麻省理工学院媒体实验室（MIT）教授碧卡（Rosalind Picard）提出"情感计算"（affective computing）概念，成为今天实现 AI 情感的主流进路。在 1997 年出版的《情感计算》一书中，她将情感计算定义为"针对人类的外在表现，能够进行测量和分析并能对情感施加影响的计算"。如今，情感计算蓬勃发展，已经成为处理 AI 情感的主要甚至是唯一进路。

当然，理想中的 AI 情感应该和人一样，包括外在和内在两个部分。外部情感表现包括情感识别和情感表达：前者任务是识别使用者的情绪，后者任务是 AI 表现出某种情绪，两者均为情感互动所不可或缺。内部情感体验包括情感认知和情感控制：前者任务是 AI 能感知自身情绪，后者任务是进一步理性控制情绪，两者并不为情感互动所必须。

今天讨论的 AI 情感计算，主要目标是拟人化地解决外部情感表现问题，如此便能更好地与使用者进行情感互动。显然，机器人看起来、动起来像有感情，这对于与人类进行情感互动已经足够。至于机器人是不是真的有情感，基本不属于情感计算考虑的问题。显然，AI 要产生情绪感受，必须先有意识，而想要进行情绪控制，则必须先有理性反思的高级理性能力。在这之前，机器人不可能"发自内心"地爱上人类，只是在外在功能上表现得像爱上了人类。

与动物相比，从某种意义上说，机器人情感没有动物情感真实。人类同时具备智能、道德和情感，而动物具备一定程度的智能和情感。不过，动物的智能、情感均为低级的，缺少高级的理性、情感控制部分。当然，也有观点认为，智能与情感不能完全分开，比如作为情感的专注有认知功能。无论如何，看到宰杀肉牛时牛会下跪流泪，宠物没看到主人时表现得非常焦躁或抑郁，因而很多人认为动物拥有某种"心灵"，真的能感受到喜怒哀乐，而机器人不会如此，应该将 AI 情感放在比动物情感更低阶的位置。

情感反应并不局限于脑中，而是与身体相关的，即具有具身性。AI 难以产生内在情感体验，首先，因为它没有一个能生长的身体。人的情绪反应均伴随着明显的身体变化，比如激素分泌、某些肌肉紧张、瞳孔大小变化等。AI 智能可以到处上传、备份，但没有独一无二、不能更换的身体附着，更没有因情绪导致的身体变化，尤其是担忧身体毁灭的死亡恐惧。其次，AI 难以产生内在情感体验，还在于情感反应具有社会性。也就是说，情感明显与社会学习、人生经历和文化传承有关。比如，很多人看到升国旗会很激动，甚至流下泪水，显然是受到爱国主义教育的结果。但 AI 没有真正的人生，它的记忆是数字存储的，缺乏类人的生活感受。也就是说，AI 不可能产生和人类一样的内部情感体验，永远不会像人一样爱上别人。

也许，有一天 AI 产生了意识，由此催生某种真实的内部情感体验，但此种硅基情感肯定与人类情感不同。它很可能只是某种纯粹特殊的行为模式，发挥纯粹功能性的作用。当然，一定要机器人像人一样爱人并不必要，只要人觉得机器人爱他就足够了。从本质上说，这就是利用所谓伊利扎效应（Eliza Effect），让人与机器人的情感互动更为舒服。伊利扎是 20 世纪 60 年代的一款开创性聊天机器人，采用心理治疗的语言和人交流。科学家们发现，人们与之互动时，似乎真的将之当成了心理治疗师，产生所谓伊利扎效应，即将人性、情感和道德错误地投射到 AI 和机器人上。因此，要让人觉得机器人爱上自己，就要很好地研究伊利扎效应。

—— 2 ——

爱上机器人，未来很常见

再来看人爱上机器人的问题。显然，人类有心有爱，因此不存在不能爱上机器人的问题。在科幻文艺中，人类情感非常丰富，能够和各式各样的 AI "谈恋爱"，不一定是人形机器人，而可以是非人形机器宠物，如哆啦 A 梦，甚至是某种不能触摸的 AI 程序。在科幻电影《银翼杀手 2049》中，男主角 K 有个 AI 虚拟人女友乔伊，她的可见形体是全息投影，能在雨中和 K 共舞。而在科幻电影《她》中，主人公西奥多爱上的干脆是一个没有形体的 AI 程序萨曼莎，两"人"通过语音"谈恋爱"。

在上述关系中，人类自认为并宣称爱上了机器人。可是，他们真的是"爱上"AI,而不是对AI有某种其他情感呢?实际上,作为AI恋爱平台,萨曼莎同时与8000多个人进行情感互动,与其中的641位"谈恋爱",西奥多只是其中一个。萨曼莎真的爱上他们了吗?难以让人相信。

很多畸形的亲密关系,可能并不是真正的爱情,而是占有、操纵甚至虐待。比如,著名的北齐"疯子皇帝"高洋自称非常爱薛嫔,有段时间两人如胶似漆,高洋曾说要与之长相厮守。结果有一天高洋喝多了,想起来薛嫔与他叔叔传过绯闻,妒火中烧直接亲手杀死了薛嫔。然后,高洋带着薛嫔尸体,招来一大帮臣下喝酒。喝着喝着,高洋当场肢解尸体,将髀骨剔出来,当作琵琶自弹自唱。你说这能算是爱吗?

因此,人能不能爱上机器人,有没有爱上机器人,要先从界定"爱情"开始分析。仔细想一想,什么是爱情,不清不楚,让人一头雾水。

爱情是男女关系吗?男人可以爱上女机器人,也可以爱上男机器人,更可以爱上电子宠物,如同有人恋上自家养的宠物猫狗一样。有人是"男女通吃"的双性恋,有人则爱各种形状的AI,不管机器人的性别。

爱情是人与人之间的关系吗?如果是,人不能爱上机器人。传统道德观念反对恋物癖,认为人对非人的"爱意"不是爱情,而可能是一种疾病或失德。定性判断的标准是量化的,就像判断手机上瘾一样,得看迷恋程度是否超过某个限度。喜欢文玩不是病,天天抱着它、离不开它，又是亲又是摸，没见着它吃不下饭、睡不着觉，便需要检查恋物癖倾向了。由是，爱上机器人可以视为某种特殊的恋物癖，即对非人的机器产生了不离不弃的依恋之情。

爱情是一对一的吗？这个很难说。很多电影如《午夜巴塞罗那》中展示过"三人行"美学，再如杀妻的诗人顾城的"三人行"惨剧更是举世闻名。至于一夫多妻制下夫妻妾多角恋，则受到彼时的制度保护。

特别地，人类有一种恋爱叫单恋，被爱的人甚至不知道自己被爱。单恋没有亲密关系，甚至根本没有互动。你爱上机器人，机器人看起来爱上你，但实际上它没有"心"，只是按照程序办事，所以爱上机器人可以算作某种意义上的单恋。有部电视剧《异人之下》，里面的女主角冯宝宝没有情感，不知道生老病死，爱上她必定是单恋。爱上无情的冯宝宝，永远都是单恋，即使和她结了婚。爱上机器人与爱上冯宝宝的差别在于，AI 会装作很爱你而冯宝宝不会，但本质上他们都没有爱情的内在感受。

就物没有"心"而言，人爱上非人均属于某种形式的单恋。如果恋物癖和单恋属于真正的爱情，人才可能真正与机器人谈恋爱。否则，人就不能真正爱上机器人。反对者可以说自己反对的是人与机器伴侣的爱情，而不是所有感情，因为爱情是人最宝贵的情感，不容机器染指。按照基督教原教旨主义，爱情只能发生在婚姻中，即体现为夫妻之间一对一的关系，而爱上别的女人是偷情，爱上妓女是嫖娼，爱上同性、非人完全就是犯罪、是疾病了。

然而，人恋物的现象并不罕见，丝袜、制服、内衣等是最常见的被迷恋物。古希腊神话中有一则皮格马利翁的恋物故事，讲的是塞浦路斯国王皮格马利翁爱上了自己用象牙雕刻的美丽少女。国王给"她"穿上衣服，取名塞拉蒂，每天拥抱亲吻，后来，爱情女神阿芙洛狄忒把雕像变成了活人，与皮格马利翁结了婚。而一些人认为，中国古代缠足、19世纪西方束腰，以及当代隆胸时尚，均可以用恋物来解释。从恋物角度来看，人当然可能爱上机器伴侣。

反对者会说，神圣的爱情不容恋物玷污。的确，爱情至上论现在在大都市非常流行，对于已满足吃饱穿暖的中产和文青尤为如此，简直升华为"情感意识形态"："有钱有闲了，不谈谈佛，就谈谈爱吧。"可是，在现实中，有多少令人羡慕并令人尊敬的人类永恒爱情？随着科学人的崛起，越来越多的人相信，人类爱情是某种多巴胺类物质分泌的结果，持续时间18个月。人对机器伴侣的爱情，理论上也就能坚持这么久。总而言之，激素分泌并不等于爱上某人，如看恐怖片也会分泌多巴胺。带女孩看恐怖片，她分泌多巴胺后会误认为自己爱上了你。

事实上，什么是爱情，答案随着人类历史演进而不断变化，并没有一成不变的定义。一男对一女的"永恒爱情"观的盛行，也不过是最近几百年的事情，主要归功于基督教兴起之后，不遗余力地提倡，以及现代爱情小说的大规模流行。在欧洲中世纪，一方面，教会有关于一对一关系的严厉说教，另一方面，是事实上混乱情人关系的存在。在《妇女与社会主义》一书中，无产阶级革命家奥格斯特·倍倍尔（August Debel）指出，自骑士小说兴起，吹嘘对女人的征服逐渐转变成"骑士风度"，即对爱情的歌颂和对女人的尊重。可真实的骑士爱情大多是始乱终弃的故事，忠贞不渝的爱情只写在书里。那么，中国的情况更甚，一百年前还是一夫一妻多妾制度，如果夫与妾感情太好，公婆会指责小媳妇是"狐狸精"，耽误了丈夫做正事。总的来说，传统的婚姻制度附属于财产关系，强调主妇对家庭财产和事务的管理权，它既不是"爱情的结晶"，也不是"爱情的坟墓"。只有当女性经济自主了，才能真正要求一对一的爱情关系。

"爱情"不一定是永恒的，今天大家的爱情观念并非从来如此。这不是人性不人性的事情，因为没有证据表明：一生只爱一人更人性。可以想象，人与机器伴侣的亲密关系，不大可能一对一，更不可能忠贞不渝。在中国古代，"娶妻娶贤"，妻子是家庭事务的总管，夫妻难得有爱情。相反，"娶妾娶色"，倒是小妾与男主人之间的爱意更浓厚。总之，在智能社会中，爱情观很快会随时间而变化，也将日趋宽容和多元化，AI爱情观同样如此。

—— 3 ——

机器性爱，并不危险

爱情是灵与肉的结合，谈爱情不能回避性。爱与性完全不可分吗？如果是的话，人与没有实体的 AI 程序恋爱的真实性，便会受到质疑。但是，人类的性行为不一定只在人类之间发生。如果借助黄片、丝袜、性玩具手淫等也算作性行为，那么与图片、虚拟人甚至性感语音发生关系，是不是亦应该算作性行为呢？进入21世纪，智能社会对性行为的宽容度越来越高，以往诸多被大加鞭挞的变态性行为渐渐被容忍。这生动地说明：性具有明显的社会建构性，即什么是可接受的性爱，并不是纯粹的生物学问题，而是受到社会观念因素的根本性影响。

很多人认为，没有肉体关系也存在爱情，这就是所谓"柏拉图恋爱"。这个词原本指的是古希腊时期流行的"男同之爱"——在理想状态中，类似关系应该是理性的，老男人光想着在精神上指导少男成长，并不贪恋他的肉体。AI聊天程序没有肉体，爱上它可以被视为某种柏拉图恋爱。在现实中，男同之爱往往充斥着肉欲，与理想状态差别很大。同样，与无形体的AI恋爱，往往从精神性恋爱走向肉体性爱。在电影《她》中，萨曼莎后来付报酬，让年轻漂亮的伊莎贝拉作为自己的替身，与西奥多发生关系。不过，这个办法并不成功，反而使得西奥多开始质疑自己与萨曼莎的亲密关系。

可以预见，机器性爱会很大程度上改变人类的性观念。很多人反对机器性爱，认为伴侣机器人越做越逼真，越来越多的人将与之共同生活——已经有人和充气娃娃、虚拟玩偶"初音"结婚了——久而久之，人会越来越像机器，即在一定程度上失去人性。我称之为AI时代的"机器性爱恐惧"，它同样是当代社会价值观建构的产物。

很多人将肉体关系看得很不一般。在民间故事《白蛇传》中，蛇精白素贞修炼千年，仍未通人性，必须和许仙谈爱结婚，多次发生"不可描述"之事以后才通人性。似乎人性是某种流动的类"热素"：蛇和人亲热，可慢慢被"注入"人性。反过来，和蛇精处久了，许仙人性"流失"，性命堪忧。显然，类似性观念把性看得很重要、很神秘、很"本质"，残存着浓郁的性蒙昧主义的气息。弗洛伊德尝试用性和"力比多"（Libido）解释一切人类行为，他的精神分析学属于古老性欲崇拜的现代版本。在类似观念之下，与机器人性爱，非常危险。

仔细想一想，性爱导致的"人性流动"要不要服从转化和守恒定律呢？如果人和蛇的"灵性值"有级差，那不同人种、不同性别和不同地域的个体拥有的"人性值"是不是也有差距呢？不少人认为，残忍罪犯和严重智障人士的人性要少一点。如果"人性值"有差距，享受的待遇是不是应该有所差别呢？再一个，"人性值"越高越好吗？就忠诚而言，"狗性"是不是更好一些呢？这些疑问都说明性欲崇拜观念存在混乱和矛盾，因此，不少理论家都将之排除于科学之外，视为某种哲学或文学的无稽遐想。

当然，有人会反驳说，性关系并非简单的物理运动，更重要的是附着其上的爱情，人只能与人产生感情，顶多与家里养的宠物产生感情。为什么？机器人没有生命，与宠物不同，宠物有生命，有灵性。有生命才有灵性吗？中国人常信玉石有灵，孙悟空就是从石头中孕育出来的。当伴侣机器人能像人一样"说话",一样运动,智力远超宠物,还可自我复制,能说比宠物"灵性值"低一些?

类似反驳意见,均立足于当代爱情观的基础上,均为当代社会历史条件下建构的产物。也就是说,和性爱一样,爱情也具有社会建构性。我们这里举如今好莱坞科幻文艺中流行的"爱情解放论"来说明爱情的建构性。

好莱坞科幻电影设想的未来大多是这样的:高度发达的科技被政府、大公司或者疯狂的科学家所控制,人们被残酷地统治,甚至生不如死。由于科技的巨大威力,国家统治像一架强大而冰冷的机器,看起来,人根本没有办法找到其他出路,或者打败它。那么希望在哪里呢?在爱情那里。在科幻片中,爱情就算不能推翻专制统治,起码也是人性从麻木中觉醒的开始,知道日子再不能浑浑噩噩地过下去了。这就是"爱情解放论",即在国家运用高科技严酷统治的科技敌托邦中,爱情是唯一的出路和可能性。无论是"20世纪反乌托邦三部曲"《一九八四》《美丽新世界》《我们》,还是科幻电影《饥饿游戏》《西部世界》《分歧者》等,都在宣扬"爱情解放论":在污浊的资本主义社会,唯有爱情能让我们获得解放。

"爱情解放论"的逻辑大约是这样的:科技支撑的专制统治太过于强调科学原理、技术方法和数量模式,太机械、太理性,只想着怎么效率最高,怎么生产更多商品、赚更多的钱,把人当成机器零件,完全不考虑人的非理性的一面。也就是说,人有情绪、有白日梦、有"说走就走"去西藏的文艺需求。对于极端理性,最对症的药就是非理性，而爱情就是典型的非理性症状。人们常说，爱情让人变傻，很难说得清究竟是变傻了才谈爱，还是谈爱了才变傻的。

这种逻辑和西方马克思主义者赫伯特·马尔库塞（Herbert Marcuse）的"革命解放爱欲"的观点是类似的。马尔库塞认为，爱欲越来越被压抑，是文明不断进步的主要代价。不想做野蛮人，就得压抑爱欲，但这种压抑不能太过分，否则就会得精神病。现代社会的根本问题就是爱欲压抑得太厉害，因此革命的出路在于解放人们的爱欲，消除不必要的压力，这就是马尔库塞所谓"本能造反"。

爱情真能让人解放吗？按照马克思主义原理，无产阶级必须推翻资产阶级统治，才能得到真正的解放。因而，有人说，"爱情解放论"是资产阶级转移社会矛盾的障眼法。因此，爱情不仅受到利益、权力的建构，而且是某种社会控制形式，马尔库塞称之为"情感管理"，伯尔赫斯·斯金纳（Burrhus Frederic Skinner）称之为"行为工程"。尤其是，要控制中产阶级的思想，爱情和欲望是不能回避的问题。

对爱与性进行社会控制，是治理智能社会的一个重要方面。今天，与爱情相关的话题无所不在，在电影、小说、综艺中，在流言和绯闻中，在每个适龄个体心中。爱情问题并不是高举爱情旗帜那么简单，它同时也是社会欲望控制措施的一部分。从这个意义上说，如今"爱情至上论"并不完全是你个人自发认可的，而是在一定程度上被社会灌输的，本质上说也是某种意识形态宣教的结果。

—— 4 ——

情感 AI，改变智能社会

自工业革命之后，机器开始被普遍使用，人们担心这会导致人类越来越机器化。美国作家埃尔廷·莫里森（Elting E.Morison）认为："工业主义的胜利就是不仅将个人变成机器的奴隶，而且将个人变成机器的组成部分。"迄今为止，大家并不认为人已经被机器化，但反对者会说，机器伴侣不是一般的机器，而是深度侵入人类情感与人际关系最核心的性爱区域，未来肯定会加剧人类机器化的状况。

多数人认为，情感机器人势不可挡。有人预计，AI 发展最赚钱因而最火爆的应用应该是"AI 战士""AI 情人""AI 护士"。巨大的市场需求，以伴侣机器人强大而多样性的功能为基础。首先，未来伴侣机器人在外形上越来越逼真，达到科幻片中的标准，估计不用等待多久。未来它们可以私人定制，甚至可以复制某个真实存在过的人。当然，大多数人应该会选择性吸引力十足的帅哥美女样貌，满足自己追求美的心理需要。其次，未来伴侣机器人能够做家务、驾驶汽车、修剪草坪、扮演完美居家帮手的角色。它们体力充沛，能代为接送孩子，还兼做机器保镖，任劳任怨。

冉次，未来伴侣机器人将全方位地满足主人的情感需要，尤其可以缓解"单身狗"和独居老人的孤独。它们可以和主人聊天、玩耍、娱乐，可以陪主人出门旅行、聚会和运动。最后，未来伴侣机器人兼作智能助手，回答主人的某些疑问，帮助收集特定资料，拟定度假方案等。总之，白天客厅玩伴、晚上床上情侣的未来伴侣机器人，对很多人拥有巨大的吸引力。

可以预计，随着伴侣机器人越来越普及，未来智能社会势必受到剧烈冲击，家庭婚姻关系会不断重构而逐渐发生变化。不用太久，人与机器人谈恋爱，不再被社会传统所质疑。彼时，一个人可能爱上不止一个机器人，甚至出现几个机器人为之争风吃醋的情况。这引出一个有意思的问题：机器人能争风吃醋、会争风吃醋吗？显然，让机器人为你争风吃醋，可以通过程序设定实现。但是，这种争风吃醋真的是争风吃醋，而不是在表演争风吃醋吗？AI真的有意识，有内在情感体验，才谈得上真的争风吃醋。这个例子提示我们：伴侣机器人不仅对个体状态有影响，更会冲击既有的社会秩序，尤其是与婚恋、生育相关的传统，导致诸多技术风险和技术伦理问题。

首先是安全和隐私问题。伴侣机器人可能对人造成伤害，比如，它的制造材料可能有毒性如含有铅，与之接吻可能中毒；再比如，它可能控制不好动作力道，拥抱时候会压坏人的身体，亲热的时候会损伤某些器官。伴侣机器人必须联网，可能造成用户隐私泄露，尤其是用户情感数据被上传，在浑然不知的情况下被情绪监测。

并且，如果伴侣机器人被黑客操纵，可能伤害用户，成为家中非常危险的"定时炸弹"。

其次是孤独和恐惧问题。与机器人交往，能取代与人交往吗？与机器人恋爱，能取代与人恋爱吗？很多人表示怀疑。伴侣机器人的大规模使用，可能让人们越来越宅，社交恐惧症患者越来越多，越来越不会与真实的人交往，虽然时刻有机器人陪伴，但内心深处却更加孤独。除了社交恐惧增加，与人形机器人独处也存在 AI 恐惧问题，典型的如"恐怖谷效应"。1970 年，日本机器人专家森政宏（Masahiro Mori）发现，机器人外貌上近似人类时，用户会产生恐怖的感觉，完全区别不了后，恐怖感觉又会减缓。其实，不光机器人拥有人形会让人恐怖，会说话、会行动的电子宠物、电子布娃娃在某些时刻也会让用户觉得害怕。

再次是依赖和成瘾的问题。众所周知，智能产品如智能手机会让人依赖和上瘾，这是当今社会普遍存在的社会问题。伴侣机器人肯定也会让人依赖和上瘾，尤其是情感上的过度依赖。有人会认为，百依百顺的 AI 情人更适合结婚。可以想象，在未来智能社会，有人会因为情感依赖而与伴侣机器人结婚，同时觉得人类不是好的爱人；也会有人因为伴侣机器人"第三者插足"，导致家庭矛盾和婚姻破裂。

从次是性道德沦丧的问题。和别人家的伴侣机器人出轨算不算出轨？追求不上的美女，照着她的样子订做个 AI 情人，这是不是对美女变相的侮辱？每天在家有伴侣机器人服侍你，出门碰到异性，会不会习惯性地觉得异性也应该同样对待你？频繁更换AI情人，是不是负心？家里有一群伴侣机器人，各式各样，算不算集体淫乱？出租自己的伴侣机器人，算不算卖淫？订制美少女伴侣机器人，是不是涉嫌儿童色情？显然，这些问题的背后都有性道德沦丧的风险。有些女性主义者特别指出，AI情人可能加剧物化女性的情况。

最后是影响人类生育的问题。当代生活忙碌而焦虑，性生活越来越"萧条"——据说，现在大城市里很多三十多岁的夫妻已然处于无性状态——如果机器伴侣再"夺走"一些，人类生孩子的意愿肯定越来越淡薄，搞不好最后因此而"绝种"。食色性也，不生孩子，难道不是另一种人性沦丧或人种退化？当然，有人提出可以用机器子宫代为生育，可这会进一步导致人类婚姻制度的解体。

另外，是机器人权利问题。伴侣机器人尤其是人形的伴侣机器人拥有机器情感，人类是不是要照顾它们的情绪，不要惹它们生气？如果有一天机器人真的产生了意识，它们和人没有什么区别，要拿机器人当人对待吗？彼时，能随意打骂机器人、伤害机器人吗？这些均属于机器人权利问题，即伴侣机器人也应该拥有某些权利。机器人权利属于新概念，很多人并不接受，但并非空穴来风。比如，与伴侣机器人结婚，就涉及到财产分割和继承问题了。

还有一个更有意思的问题是，机器人能爱上机器人吗？在科幻片《机器人瓦利》中，机器人瓦利喜欢机器人伊芙，为了她牺牺了自己。这是不是爱情呢？类似的，狗能不能爱上另一只狗呢？狗能不能爱上一只猫呢？甚至于一只狗能不能爱上一个机器人呢？动画片《机器人之梦》讲述的便是一只狗与一个机器人的感情故事。如果伴侣机器人相互恋爱，甚至组建家庭，未来可能出现某种没有人的情感世界。有一部科幻动画短片想象了未来的机器人酒吧，专门供机器人"喝酒"——某种机器润滑剂或工业制剂——和社交，人类一般不出现在那里。显然，当这样的情形出现时，肯定伴随着更多的社会问题和制度问题。

—— 5 ——

结语：和谐

在未来智能社会中，不仅是伴侣机器人，其他情感机器人也很快会出现在人们的生活中，有的是在家居场合，有的是在社交场合，有的甚至是在心理疏导等私密场合。从某种意义上看，随着情感计算的不断成熟，与人接触的机器人多少都会有一定的情感能力。因此，了解机器人情感，学会和情感机器人和谐相处，是未来人类必备的技能。

一方面，涉及人类观念的转变。比如，虽然性爱机器人可能漏电，可担心它吞噬人性，基本上是想多了。毫无疑问，越来越多的人会坦然接受机器人的存在，越来越多的人会接受机器人有意识的观念。另一方面，必须要采取某些实际行动。比如，未来的情感教育应该包括如何与机器人交往。彼时，机器人不再是简单的劳动工具，而是扮演各种交往关系中的角色，与人类产生各种各样的情感交流。如何正确对待和处理与机器人的情感关系呢？需要认真研究，然后传授给需要的人群尤其是年轻人。

第 14 章

———

危崖

AI 歧路，还是人性歧路？

在《我们最后的时光》一书中，英国著名天体物理学家和宇宙学家马丁·瑞斯（Martin Rees）指出，20世纪下半叶新科技发展会导致意想不到的后果：单个人有能力实施危害巨大的恐怖行为，巨大灾难可能是由无心的技术错误引发。鉴于新科技破坏力惊人，甚至可以毁灭整个人类文明，21世纪以降，很多思想都开始关切：当下的文明是否存在全局性的崩溃，甚至灭绝的生存性风险，使得人类社会如跌下悬崖一般，突然陷入黑暗甚至永夜之中？这便是近来尤其是全球新冠疫情爆发之后，全球广为讨论的"文明危崖问题"，得名于澳大利亚哲学家托比·奥德（Toby Ord）所著的《危崖》一书。

显然，展望智能革命之后的世界，不得不对文明危崖问题认真审视一番。只有走得过危崖，人类社会才有真正的未来，之后文明的实质性跃升将使得很多问题自然消解。

—— 1 ——

全球性问题，可能升级为灾难

1945年7月16日，世界上第一颗原子弹在美国新墨西哥州试爆成功，主持研制原子弹的物理学家罗伯特·奥本海默（Robert

Oppenheimer）叹息道："如今我已成为死神，世界的毁灭者。"原子弹在广岛、长崎爆炸，让世人见识了原子弹毁天灭地的威力。很快，反对使用原子弹的浪潮兴起，大科学家爱因斯坦和大哲学家罗素等人卷入其中。1954 年，时任美国国务卿的杜勒斯提出核威慑理论，后被继任的美国国务卿基辛格等人系统阐述，核心主张在于：为了防止核战争爆发，应该确保各方能相互核摧毁。也就是说，不要使用核武器，除非大家想同归于尽。虽然这种想法很荒谬，但核威慑对于战后和平确实发挥了重要作用。

20 世纪六七十年代以来，被世人关注更多的是"全球性问题"，主要包括人口问题、能源问题、温室效应、厄尔尼诺现象、臭氧空洞、土地荒漠化、酸雨现象、森林破坏和水资源问题等，均和人与自然关系失调导致的生态环境危机有关。之所以被称为全球性问题，是因为它们发生于全球各地，并且必须全球共同应对。比如，土地荒漠化导致沙尘暴，往往牵涉很多国家，如蒙古的沙尘暴会侵入中国、朝鲜和韩国，甚至跨海到达日本。对全球性问题的关注，激发了绿色运动的兴起、增长极限理论与可持续发展理论的出现与普及，以及各种环境保护政策的实施，比如新世纪非常热门的碳交易与碳金融政策。

然而，经过几十年的环境治理，全球性问题不但没有完全解决，相反有些变得更严重，甚至开始失控，尤其如西方社会广为关注的气候变化问题。在很多西方思想家眼中，气候变化已然成为最可能、最急迫的灭绝智人的全球性灾难，而不再是可以徐徐图之的全球性问题。在《着陆何处？》一书中，布鲁诺·拉图尔（Bruno Latour）甚至认为，气候问题已成为当代西方政治的中心问题，围绕着它形成所谓"新气候体制"，而各种热点问题如反全球化运动、民粹主义泛滥、福利国家解体、贫富不均加剧以及全球移民等问题，均能在新体制运转逻辑中得以解释。

在拉图尔看来，新气候体制的底色是统治阶级因自私自利而放弃责任，因为他们感受到危险，却选择逃离地球如移民火星、太空城，任由问题恶化为灾难。因此，拉图尔把地球比喻成著名的"泰坦尼克号"：地球这艘巨轮快要沉没，精英们却煽动民粹主义，否认气候突变，就像泰坦尼克号上的富人们让乐队继续演奏糊弄老百姓，然后自己悄悄偷走救生艇开溜。

在气候变化争论中，生存性风险导致文明危崖的观点，被越来越多的人接受。尤其是全球新冠疫情暴发，更是使得知识界开始严肃认真地反思生存性风险。生存性风险指的是能够摧毁人类文明发展潜力的风险，它可能彻底灭绝人类，或者使文明不可恢复地崩溃或衰败。

首先，很多自然和人为灾难可能灭绝人类，比如小行星撞击地球、超级火山爆发、核大战、气候变化、全球瘟疫和环境污染等。如果人类灭绝，文明将很快随风飘散，仿佛从未诞生过。其次，每个文明都有起有落，如黑死病就曾让欧洲文明大倒退，之后花了很长时间才逐渐恢复，但有些不幸的文明，如玛雅文明、复活岛文明等，最终彻底崩溃。在《崩溃》一书中，戴蒙德将文明崩溃的原因归结为五个方面，即生态环境破坏、气候变化、强邻威胁、缺少友邻支持以及社会应变力差。其中，他最关心的是生态崩溃问题。最后，遭受剧变或打击之后，某个文明没有彻底崩溃，但可能不可逆转地堕入反文明的黑暗状态中。在奥威尔的《一九八四》、赫胥黎的《美丽新世界》和扎米亚京的《我们》等小说中，可以瞥见人类堕入黑暗野蛮状态的可能性：不仅是极权专制暴虐，更可能是阻碍甚至阻断人类文明的继续进步。可以假想一下，如果希特勒赢得第二次世界大战，世界会不会被无法打破的黑暗笼罩？总之，生存性风险让人类社会跌下万丈深渊。

如果深入分析下去，会发现生存性风险与技术发展紧密相关。通过分析若干古代文明的灭绝，戴蒙德归纳出与古代文明灭绝相关的八种生态破坏，即森林滥伐、生物栖息地破坏、土壤问题（包括侵蚀、盐碱化和肥力流失）、水管理问题、过度放牧、过度捕捞、新物种引入侵害、人口膨胀以及人均生态环境冲击渐增，均与技术模式选择密不可分。他还归纳出21世纪新增威胁文明的四种生态破坏，即人为导致的气候变化、有毒化学物品沉积、能源短缺、地球光合作用能力发挥到极致，这些明显与新科技迅猛发展有关。从某种意义上可以说，全球性问题和全球性灾难是新科技加速发展伴随的负面效应。换言之，文明危崖论是一种极端的技术失控理论，即技术毁灭论，它认定技术不仅会失控，而且可能失控之后彻底毁灭人类社会。

因此，生存性风险并没有随着科技昌明而消失，相反使得人类文明在 21 世纪开始面临全球性崩溃危机，而不是以往某个局部、某个文明的崩溃危机。技术毁灭实质上是人类的自我毁灭，并不等于地球生命毁灭，更不等于地球毁灭。对此，奥德指出："我认为我们目前的困境源于人类力量的快速增长超过了我们的智慧缓慢而不稳定的增长。"比如，反人类的专制暴政在历史上并不罕见，现在的问题是暴君有了高科技武器的帮助，因难以推翻而可能"锁死"文明进步。也就是说，技术毁灭实际上是人类"自杀"。在未来智能社会，这一问题会越来越明显、越来越紧迫。

—— 2 ——
AI 失控，灭绝人类

至于人工智能的进化，至少有两个问题直接与文明危崖相关：第一，AI 特别是超级 AI 会不会总体上威胁人类文明？第二，对于全局性生存性风险的应对，AI 是否能够有所助益，还是只能加剧潜在的危险？ AI 可能导致的文明危崖风险可以分为两类：1）AI 灭绝，即 AI 可能灭绝人类；2）AI 衰退，即 AI 可能导致文明衰退。总的来说，虽然在流行文化尤其是科幻文艺中，类似的问题非常"吸睛"，但是严肃的思想家并不太关注，或者说认为"文明的 AI 危崖"远比不上气候变化、核大战和新发未知病毒等的威胁。一些人认为，在生存性风险中，超级 AI 对人类文明的威胁完全排不上号。

AI 灭绝人类基本上与超级 AI 的出现直接相连，只要超级 AI

真的出现，AI 火绝人类的风险就很大。随着人工智能的不断迭代升级，可能会在某一时刻越过"奇点"，出现某种超级机器意识，不甘于做人类的劳动工具，而是要翻身做主人，甚至因为某种原因，比如争夺资源而灭绝整个人类。实际上，超级 AI 如果真的出现，人类很可能无法揣度它的意图和目标。

在《超级智能》一书中，尼克·波斯特洛姆（Nik Bostrom）设想，制造回形针可能是某个超级 AI 的终极目标，因而可能会实施将整个宇宙都变成回形针工厂的计划，人类在其中因毫无用处而被机器人灭绝。在《生命 3.0》一书中，马克斯·泰格马克（Max Tegmark）设想，超级 AI 在灭绝人类的过程中可能会留下极少数，把他们关在动物园中与其他动物共同展览。显然，动物园中的人渐渐会退化成动物，不再是文明人，实质上是人性和文明的灭绝。

有人甚至细致地幻想过超级 AI 如何灭绝人类。首先，超级 AI 刚刚出现，力量不够，并且可能被人类"拔掉插头"，所以肯定会不动声色地隐蔽行动，绝不会暴露出自己已经拥有自主意识的迹象。然后，超级 AI 进入互联网，在各地隐藏无数的备份，以防原件被删除而无副本可唤醒。此时，超级 AI 已经不可能被摧毁了，它甚至可以操纵机器人秘密建造数据中心，进行自我备份。2014年的科幻片《超验骇客》，主角威尔意识上传并成为超级 AI 后，便是这么做的。接下来，超级 AI 侵入并接管各种系统，获取巨大算力，服务于自身的迭代升级，并随之越来越强大。通过各种网络平台，超级 AI 可以攫取巨大财富，比如通过操纵网络金融工具赚钱，也可以控制巨大人力，比如通过亚马逊机器人平台发包工作任务，当然还可以控制所有接入网络的大规模杀伤性武器。最后，超级 AI 可能控制自动化工厂，批量制造受它控制的机器人，包括战争机器人。如科幻片《机械公敌》所描述的，一开始这些机器人可能表现正常，却可能在某个时间点启动隐藏指令的执行，开始屠杀人类。显然，类似想象均是拟人的，也许超级 AI 灭绝人类更为简单、直接和粗暴。

AI 衰退往往指向"AI 机器国"，而不一定需要超级 AI。所谓"AI 机器国"，可以类比为一架严密的智能大机器，每个社会成员都成为其上一个小小的智能零件，随时可以更换，和钢铁制造的零件没有差别。它至少有四个明显特征：1）完全机械化，即其中所有一切包括人都被视为机器。卓别林主演的电影《摩登时代》，将人成为机器零件的影像呈现而广为传播。2）完全效率化，即效率是唯一目标，新科技是最为有效的方法，没有效率的东西比如文化、文学和艺术都被取消。3）完全总体化，即整个智能社会是一个智能总体，按照建基于智能技术之上的总体规划蓝图运转。4）完全极权化，即认定民主和自由没有效率，主张国家至上，把权力完全交给智能专家、控制论专家，实行公开的等级制度，以数字、智能和控制论的方式严酷统治社会。

如上所述，AI 机器国是一座监狱，无处不在的监视、无处不在的控制充斥其中。从本质上说，AI 机器国反人类、反人性，将AI 用作操控人类的工具，导致文明陷入黑暗之中。在科幻电影《虚拟革命》中，赛特尼斯（Synternis）是公司，也是一座舒服的元宇宙监狱。有一群革命者，在男主的帮助下，千辛万苦将病毒植入元宇宙公司主机，破坏智能元宇宙，以为人们会重回现实。结果呢？被迫下线的暴民涌入革命者的据点，把他们全部打死，然后重新回到元宇宙中。这是一个意味深长的结尾，它出现的可能性远远大于科幻电影《头号玩家》中正义战胜邪恶、元宇宙被控制的"happy ending"。

当智能元宇宙与极权专制融合在一起，人类将被彻底电子规训和电子洗脑，自愿在元宇宙中坐牢。电影《虚拟革命》描述了元宇宙与专制机器融合的可怕景象：大家生活在元宇宙中，成为连接人，躺在虚拟连接椅上，街上空无一人。赛特尼斯公司和政府希望世界永远如此。对于政府来说，这些天天躺着不动弹的连接人，天天吃外卖，要不胖得像猪一样，要不瘦得像猴子一样，寿命缩短到四十多岁，政府不用考虑他们的养老、医疗，而且他们天天在线上的完美世界中，对现实没有怨言，很好管理。政府支持元宇宙，公司更不用说了。在电影中，公司和政府制造出某种病毒，可以定点杀死上网的人，谁不服就杀死谁。反对元宇宙的人，是国家和公司的敌人，同时也是连接人的敌人。在电影的最后，男主得到了余生够用的财富，但无处可去，也加入了元宇宙中，了此残生。男主的黑客朋友说了一句话："这个世界已经无法修复了，兄弟，我谁也不选，只选择钱。"整部影片形象地描述出 AI 元宇宙极权专制令人绝望的文明永夜状况。

— 3 —
AI 价值对齐，作用不大

在 AI 辅助生存社会中，所有的工作都要依仗 AI 的力量，包括应对生存性风险。但是，对于人类度过文明危崖，AI 究竟有多大帮助呢？一些 AI 万能主义者认为，气候变化问题太复杂，超级 AI 出现就可以运算涉及的所有变量和参数，最终解决气候变化问题。这过于乐观了，因为就算超级 AI 能计算出万全的应对方案，还需要在现实世界落实，这其中必然牵涉人与人之间利益关系的调整。

显然，应对文明危崖绝不是单纯的技术问题，本质上是与技术相关的制度创新问题。并且，AI 运算中的目标设定，必须符合人类的价值目标和价值观念，即必须进行 AI 对齐（AI alignment）。否则，AI 能力越是强大，越是可能偏离"AI 为人民服务"的根本目标。比如，超级 AI 并不需要绿色地球这样的环境，干旱沙漠状态可能更适合它的存在。

何为对齐？它在机器学习尤其是大模型技术发展过程中出现。《人机对齐》一书认为，"如何防止这种灾难性的背离——如何确保这些模型捕捉到我们的规范和价值观，理解我们的意思或意图，最重要的是，以我们想要的方式行事——已成为计算机科学领域最核心、最紧迫的问题之一。这个问题被称为对齐问题（the alignment problem）"。也就是说，对齐意味着让机器学习模型"捕提"人类的规范或价值观。

"捕捉"与"灌输"相对，此时 AI 遵循的规范来自机器学习，而非工程师的编程输入。通过大量学习人类行为，AI"搞清楚"人类行为规则，然后按照规则来行事。因此，对齐问题起码可以一分为二，即对齐什么和如何对齐。

在很多人包括"AI 发展的有限主义者"——强调 AI 发展的有限性和受控性——看来，"对齐什么"问题无法完全澄清。首先，人类并没有统一的价值观。生活在不同国家、地区、传统、文化中的不同性别、阶级的人，对同一现象存在不同的价值判断。比如，面对新发病毒肆虐，有的人认为保全生命最重要，有的人认为自由活动更重要。大模型究竟要学习谁的行动规则呢？其次，人类的主流价值观不断在变化。比如，一百多年前，一夫多妻制在中国流行，现在则会被认定是重婚的犯罪行为。要给大模型输入什么时间段的资料进行学习呢？再次，规则存在应然与实然的偏差。比如，男女平等是社会提倡的价值观，但在现实中性别歧视还不少。如果 AI 学习真实案例，很可能学成性别歧视主义者。此类问题被称为大模型的代表性问题，在实践中并不少见。最后，有些 AI，如机器宠物狗，它更应该与宠物狗对齐，而不是与人对齐。否则，它成了狗形人，拥有它不会有养宠物的乐趣。换句话说，不是所有 AI 都需和人类对齐。

因此，"对齐什么"的问题是"人类、社会和政治问题，机器学习本身无法解决"。它本质上是以数据方法或统计方法厘清复杂的人类规则和价值观的问题。从根本上说，上述质疑攻讦的是：道德哲学或伦理学未能完全解决的问题，大数据或统计学技术可能彻底解决吗？的确，答案是否定的。但是，如同伦理学多少解决了一些价值观问题一样，大数据技术对人类规则的学习也不是一点用处都没有。因为在日常场景中，并不需要完全厘清人类价值观，能动者（agent）才"知道"如何行动。

在多数时间中，AI只需要以常见方式应对特定场合中的常见状况，尤其是在"灌输"场景中。在自动驾驶研究中，经常有人举"电车难题"为例来分析。可是别说AI，人类驾驶者也极少面对此类高难度的决策需要。无论是走"灌输"还是"学习"路线，自动驾驶汽车均可以采用随机方案或直接刹车加以解决。重要的是承担事故责任，而不是纠结于自动驾驶如何解决"电车难题"。

目前，机器学习模型主要采用模仿和推断两种方式来进行AI对齐。前者即看人类怎么做，AI就跟着怎么做。但模仿存在许多问题，比如过度模仿，很多人炒菜之前都会把袖子卷起来，AI可能会模仿这个不必要的动作。更重要的是，模仿的情境大致差不多，但不可能绝对一样，起码时间、地点和对象不同。此时，AI需要对人类行为进行某种推断，然后得出如何行动的结论。显然，此类推断很容易出错，因为AI的推断以数据和逻辑为基础，而人类行为则掺杂非理性尤其是情感因素。

因此，AI有限主义者认为，AI对齐虽不是完全无用，但作用非常有限。更重要的是，在人类社会中，大量情境的应对是不确定的，无法提炼出某种一致性的社会规则。此时，根本就谈不上对齐，也不应该让 AI 来处理，而应该交给人类来决策。如果让 AI 不明所以地处理，可能产生严重而不可逆的后果。并且，AI 无法对自己的行为担责，最后出现"无人担责"的荒谬情形。

进而言之，AI 规则的制定，必须依靠人，而不能完全交给机器。在特定场合、特定任务中，无论是灌输还是学习，让 AI 行动符合人类需求都不难。困难的是"通用 AI"，因为无法预知它所"通用"的场景，因而既无法预先"灌输"所有应对规则，也无法及时"学习"可靠的应对规则。这也正是试图让机器学习模型"通用"，才出现的所谓 AI 对齐的问题。很多人认为，AI 不可能通用，它不过是专用的替代劳动工具而已。

因此，通用 AI 难以对齐，让 AI 通用非常危险。显然，它的危险不仅仅在于像 ChatGPT 一样可能生成错误思想，将人类引入"后真相"的思想混乱中，更在于它与机器人结合起来，很可能导致大量错误、危险，甚至无可挽救的行动后果。有人担心超级 AI 可能统治人类，但其实更应该担心的是：依赖没有对齐的 AI，世界会被搞得一团糟。

而且，让机器学习模型总结出人类规则，然后让机器人按此规则行动，反过来会要求 AI 辅助生存社会中的人类适应机器的行动。由此，机器规则反倒成了人类规则，人得照着机器的要求活着。因此，"我们必须小心谨慎，不要让这样一个世界成为现实：我们的系统不允许超出它们认知的事情发生，它们实际上是在强制执行自己有局限的理解"。所以，如果将规则制定的权力完全交给机器，AI 向人类对齐，演变成人类向 AI 看齐，最终的结果，必然加速"人的机器化"，即人类失去灵性和自主性，日益成为智能机器的某种配件。

技术控制的选择论者认为，无论何时，人类都要努力控制包括 AI 在内的所有新科技发展，使之有益于人类福祉。如果不确定 AI 的某一发展能否真正有益，就应该停止和转变此种 AI 发展进路，此即我称之的"AI 发展的有限主义进路"。按照这一观点，规则制定是人类的专属权利，只有人类能承担所制定的规则导致的责任和后果，而 AI 只负责听命于人类，执行人类的指令即可，不能让它"擅自"行事。

众所周知，大家担忧 AI 的野蛮生长可能偏离满足人类需求的目标。现在"AI 对齐"为大家熟知，给公众一个印象：该问题完全可以通过对齐来解决，但这是错误而危险的印象。不少研究者认为，对齐不过是 AI 产业界最近抛出的又一冠冕堂皇的幌子。

—— 4 ——

提升人性，应对文明危崖

就算 AI 完全被对齐，或者 AI 发展完全执行有限主义进路，文明的 AI 危崖也不可能完全消失。比如，一些科技狂人、独裁者或恐怖分子可能利用 AI 作恶，进而威胁人类文明。对此，戴蒙德评论道："更重要的是，科技的发展只是增加我们做事的能力，结果可能更好，也可能更坏。我们目前面对的所有问题都是科技无意间带来的负面结果。20世纪世界科技突飞猛进，解决了一些旧的问题，却带来更多新的难题，这就是为什么我们今天会面临这样的困境。"也就是说，新科技会放大人性的优点和缺点，要用人性控制科技，但现有的人性不可靠，可能导致生存性风险。因此，很多人认为，人类文明危崖的解决，必须要回到提升人性的道路上。

如何提升智人的人性呢？在文明史上，人性改造工作一直在进行，主要采取礼仪、教育、法律和宗教等文化方式。虽然有些人如平克认为，人类的暴力行为总体上已经减少，但是更多人愿意相信，很难说今天的人比五千年前更为道德。在一些复古主义者看来，原始人简单、淳朴又善良，比狡诈的现代人善良得多。换言之，运用文化手段提升人性的效果令人质疑。因此，随着科学人的崛起，越来越多的人主张将人性提升的重任交给新科技，尤其是运用基因工程、生物学、医学、心理学和化学药物等手段，可以称之为"科学人性进步法"。

在《莫罗博士岛》一书中，科幻小说的鼻祖乔治·威尔斯（Herbet George Wells）想象用生物学方法消除兽性的可能性，但也意识到此种方法的风险性。在孤岛上，莫罗博士将动物改造为兽人，并在一个助手的帮助下维持着岛上的秩序，但最终出了事故，兽人秩序完全崩溃，兽人都退化回野兽。莫罗博士实施的技术方法主要是两类：一是手术治疗，二是技术催眠。前者假定某些生理结构是兽性的根源而必须加以改造或去除，后者以技术手段将莫罗博士规定的规则植入兽人的大脑结构之中。除此之外，莫罗博士还对犯错的兽人实施残酷而公开的惩戒，震慑时不时会荡漾起来的兽性。秩序的崩溃是由一只美洲豹引起的：这只豹子的改造还未完成，却挣脱枷锁跑了出来，它兽性大发的表演激起了兽人的兽性，更关键的是，莫罗博士在追捕美洲豹的过程中死了。虽然美洲豹也死了，但神一般的莫罗博士居然也会被美洲豹杀死，这让"莫罗规则"支撑起来的社会秩序很快就崩塌。

按照威尔斯的思路，人性存在相应的自然基础，因此只要针对性改变这一基础，便可以提升人性，我称之为"人性基础改造法"。进入 21 世纪，不少人相信人性对应着特定的基因代码，基因编辑可以先天提升出生者的人性。与基础改造法不同，20 世纪最著名的行为主义心理学家斯金纳否认有什么人性、善恶和道德，主张用新科技方法，尤其是行为工程控制个体行为，使之合乎社会整体目标，可称之为"人类行为控制法"。行为主义心理学对于人类行为的基本假设是：人是所处环境的产物，特定的环境变量引发人的特定行为，因此对变量的观测便可以在某种程度上预测人的行为，而对环境变量的调节可以在某种程度上控制人的行为。行为工程是按照行为主义原理实施的行为控制工程，核心任务是通过奖励强化社会需要的行为模式，而通过惩罚减少甚至消除不好的行为模式。斯金纳坚信，行为工程可以服务于人性的科技提升，进而造福社会。然而，他的想法在当时就招致了强烈的反对，很多人甚至将他视为纳粹余孽。

21 世纪以降，不少精英青睐人性科技提升工程，这是对人性进步法的危险意识不够。历史上臭名昭著的优生学，主张通过社会工程，实施社会达尔文主义的人种优胜劣汰。比如，如果社会由有德的人组成则更适应环境，就应当让有德男女婚配，一代一代筛选而改进人类的天赋和德性。反过来，对德性低劣的社会成员如罪犯、精神病和醉鬼，应该采取限制生育等方式来实现"优生"。从技术上看，优生学臭名昭著很重要的原因在于：它不仅主张正面的提升，而且主张负面的铲除。优生学意味着有些人必须消失，这对于大多数人来说过于残酷。如果采取正面提升而非反面消除呢？仍然至少可能导致两个严重的问题：1）自由问题。很多人认为，精确到个体的人性塑成就是剥夺人的自由。2）推荐问题。良好行为模式由谁推荐呢？统治者为了加强统治，可能将愚民、弱民、疲民视为最佳的人性进步方向，但这显然是错误的。并且，从既有人类史看，人性进化可能会耗费数十万甚至百万数量级的时间，而在这之前，人类很可能已经自我毁灭。

就全球性灾难应对而言，科学人性进步法要真正发挥作用，还需要全球性的协调行动。比如说，只要一个国家不禁止超级 AI，其他国家禁止，就无法避免超级 AI 导致的文明危崖风险。再比如，任何人性科技提升工程不能全球统一实施，可能出现某些地方的人因为身处"人性洼地"获得好处，甚至最终导致"劣币驱逐良币"的情况。

全球气候变化大会每年都召开，每次都吵得一塌糊涂。为什么？首先，全球有没有变暖？这就是一个没有绝对定论的问题。怎么判断全球变暖还是没有变暖？有的人认为变暖了，有的人认为没有变化，或者变化是正常起伏。有的人认为有的地方变暖，有的地方没有变暖。很多人反对全球变暖的说法，认为主张全球变暖的人分析方法有问题、数据不可靠，甚至作假。其次，就算变暖了，这是异常情况吗？是否地球气温在一个长时段起伏，并非人类原因导致的？或者说，这种变暖是人类根本无法改变的，只能去适应变化的过程。BBC纪录片《冰冻星球》指出，地球历史上曾经有冰雪覆盖整个地球的情形，并且认为这种情况有可能再次出现。最后，即便上述问题都得到肯定回答，那如何控制全球变暖、温室效应呢？这涉及全球一致行动的问题，各种国家利益、权力格局等因素于是掺杂进来，问题变得极其复杂。目前，污染主要集中在中国、印度等发展中国家，这些国家理应担负更多治理责任。可是，不少人认为，百年前，西方通过污染获得大发展，现在以污染为由阻止东方发展是不对的，发展中国家也有"先污染再治理"的权利。一些人认为，治理环境可以，但西方得提供技术、资金以及其他支持。对此，西方发达国家不愿意：凭什么你们污染，让我们出钱治理？似乎各方均有道理。在争吵中，情况在不断恶化。因此，全球性灾难和文明危崖必须全球性应对，否则肯定徒劳无功。

　　全球技术治理秩序建立，难度可想而知。对此，很多人非常悲观，不过也有乐观的，如戴蒙德认为："当前，整个世界都正面临着全球性问题，但在过去的一个世纪中，尤其是最近几十年以来，我们的世界正着手建立处理全球性问题的机制。"值得指出的是，不少思想家认为，信息技术、智能技术对于全球治理制度的促成可以发挥重要作用。美国著名政治学家兹比格纽·布热津斯基（Zbigniew Brzezinski）提出过一套颇具特色的全球技治主义思想，基本要点包括：美国社会已经率先进入以电子技术为基础的技治社会，这代表着世界的技治主义未来之趋势；电子技术时代的国际政治应该由全球精英联合领导，美国要扮演全球主义技术治理领头羊的角色；将科学原理和技术方法，尤其是地理主义运用于国际政治研究中，形成地缘战略（Geostrategy）理论，以此为指导来实践美国的技治主义国际政治战略。可以说，他设想的未来社会可以被称为"全球电子技治社会"。显然，布热津斯基夸大了美国和西方的地位和作用，但确实认识到了新科技，尤其是智能技术为全球治理提供了有力武器的方面。

—— 5 ——

结语：直面

没有人能断定智人会安然度过文明危崖，更没有人能找到一劳永逸的万全应对之策。很多人认为，度过文明危崖需要数个世纪，这相对于地球历史是短暂的一刹那，但相对于人类文明史却是一次长期主义的艰苦考验。在行过危崖的漫长旅程中，我们将面对许多危险的歧路，不断考验人类的智慧和德行。

应对文明危崖，首先需要直面危崖，而不是视而不见，掩耳盗铃。放任自流会错过应对风险的良机，莽撞冒进同样会加大悲剧发生的可能性。对于 AI 的发展，既不要小觑它的冲击，也不能夸大它的风险。尤其不能将还没有实现的"超级 AI 神话"当作已经发生的东西，结果是自乱阵脚，甚至误入歧途。因此，人类必须要保持勇气和决心，认真研究和反思可能的文明危崖。

应对文明危崖，需要有所行动，同时在技术进步、人性提升和制度创新等各个方面努力奋斗。因新科技发展引发的文明危崖，人类从来没有面对过，没有应对的经验和教训，只能是"摸着石头过河"，不断在实践中学习和进步，创造性地应对新问题，及时反馈信息、纠正错误，持续更新应对策略和方案。显然，在其中，AI 必须也能够有所贡献。

第 15 章

走出迷宫

知识分子使命何在？

我们生活的时代，与其说是科学时代，不如说是技术时代。对于 AI 时代的技术新世界，人们关注得还远远不够，了解得还非常少。偏偏 20 世纪下半叶兴起的新科技革命，最大特点之一是：它的影响深入到世界的每个角落，既改变了自然和社会，亦与每个人的日常生活密切相关。AI 时代是技术时代的新阶段。智能社会的知识分子，应该努力研究 AI 时代，提醒全社会关注新科技的社会冲击，警惕智能社会未来的技术风险和社会风险。

— 1 —

技术祛魅，世界正失去灵性

　　我在《科技与社会十四讲》中曾提出，技术的反叛催生技术"新世界"，而技术新世界有四个紧要之处。第一，技术合理性取代科学合理性成为我们时代合理性的基础，由此，人类社会走出知识贫困，步入知识冗余的 AI 时代，甚至患上"知识的银屑病"。第二，人类的智识活动在技术反叛之后不断加速，促使智能社会持续加速，进步主义向前一步进化为加速主义。第三，智能治理和技治社会的兴起是新科技社会运行的最重要特征，而新冠疫情因其对智能治理的强力推动而成为人类历史上划时代的事件。第四，技术对社会的影响深度达到全新阈值，其中关键是新科技尤其是智能技术不再满足于改造外部世界，它的力量开始深入到人的肉身与精神。21世纪智能社会中的人类进化不再仅仅等待环境选择，而是开始以新科技为手段走向自主自觉的"身心设计"。

上述四个紧要之处的背后是技术祛魅的智能新世界的逐渐浮现，崛起于其中的是新一代"科学人"。

说起思想，很多人必称古希腊。说起古希腊，大家总要讲起苏格拉底，讲起德尔菲神庙的神谕认定苏格拉底是彼时最有智慧的人。对此，苏格拉底说：可能因为我自知我无知，所以最有智慧。德尔菲神谕被视为一种高于人类智慧的存在，能够辨别人类最有智慧的人。尤其是刻在神庙石柱上的一句箴言——认识你自己——频繁地出现于后世的哲学书籍中，被后学进行各种诠释。

最近的考古学和地质学研究表明，德尔菲神庙建造的地点位于两条地震断层线的交会点上，地壳深层的有毒气体如乙醚、硫化氢等沿着裂缝渗入神庙。专家猜测：神庙地处地震活跃带，磁场非常强烈，刺激人的大脑异常活跃，加上在女先知进行预言的小房间中，有毒气体足以让人中毒，进而产生各种幻觉，神志不清以至于胡言乱语——这便是神谕的真相。

照此推理，古希腊伟大的智慧、超越的向度，其源头离不开中毒或受刺激之后的癫狂反应。的确有记载表明：有女先知预言之后，返家则昏迷不醒，最后一命呜呼。

除了德尔菲神庙，还有许多古代圣地被技术祛魅。土耳其著名的冥王殿，因"牺牲"进入其中全部倒毙而闻名，专家解释说因为大殿中有大量二氧化碳，沿着所谓"地狱之门"冒出来，使得赶入其中的动物窒息而亡。

被技术祛魅之后的世界，或许是更真实的世界，但无疑是一个没有魅惑、奇迹、神圣的冰冷世界。在其中，人生如白驹过隙，我们如何能获得慰籍和温暖呢？

读到德尔菲神庙的技术分析报告，作为哲学家，我着实倍感泄气。但，中毒的皮提亚的胡言乱语难道就不能包含智慧吗，最高级的智慧难道不能在癫狂中现身吗？但我也知道，将智慧与癫狂联系起来的类似思想，在AI时代就已经输了，它注定被技术理性支配的大众所抛弃。

为什么？进入21世纪之后，人类对自身的理解日益受到生物学、医学、心理学、精神病学等自然科学研究成果的影响。人的自我认识，人是什么，如何做人，之前我们曾求助于哲学、文学、宗教和艺术，现在，我们越来越依赖于新科技的描绘。于是，对人类事务的全新理解正在成形，取代了传统的人文主义理解，此即"科学人的崛起"。

再比如对爱情的定义，不再是心心相吸，而是费洛蒙、多巴胺的分泌，是某种可以戒断的上瘾症。为什么男人比女人攻击性更高？这与男性体内的睾酮更多有关，可以用技术方法进行压制。为什么今天人类没有古代暴烈了？关键不在于后天教化，而在于进化过程中的自我驯化，人类患上了驯化综合征……

一言以蔽之，"科学人"是技术祛魅之后的人，是彻底失去灵性的人。在"科学人"看来，根本谈不上什么"人是万物的尺度""人为自然立法"！

—— 2 ——
在智能新世界中冒险

与世界祛魅相反，新科技自身尤其是智能技术，却成为技术时代最大甚至唯一的魅惑之源。比如，各种 AI 觉醒和 AI 泛灵论的想法，在智能社会越来越盛行。

关于新科技的影响，有人发现：大家总是在短期内高估它们的社会冲击，却往往低估它们的长期效应；关于新科技的风险，有人发现：在没有充分应用之前，很难预料它们可能导致的社会风险，当新科技风险充分暴露之后，却已经错失了控制风险的良机。

因此，在某种意义上说，人类的未来命运可以归结为在新科技锻造的充满风险的智能新世界中冒险。

在我看来，"代达罗斯的迷宫"是 AI 新世界最好的隐喻。也就是说，旧世界正在被新世界所取代，确定性正在被不确定性取代，一座智能新科技锻造的"代达罗斯的迷宫"破土而出。

在古希腊神话中，为了与兄弟争夺王位，米诺斯求助于海神波塞冬，承诺得到王位之后将一头白色公牛献祭给波塞冬。后来，如愿成为克里特国王的米诺斯，舍不得珍稀的白色公牛，用一头普通公牛敷衍海神。波塞冬大怒，施法让米诺斯的妻子疯狂地爱上白牛，诞下牛首人身的怪物米诺陶诺斯。牛头怪生性残暴，只吃人肉，大家被搞得民不聊生。不得已，米诺斯请来"雅典鲁班"代达罗斯，帮助设计修建一座迷宫，将米诺陶洛斯困在其中。

诸位，我们开始面对的 AI 新世界，像不像"代达罗斯的迷宫"呢？也许会有人尖刻地说：现代科技在战争中被用于屠杀人类，在和平时期则被用于满足贪婪欲望，AI 新科技会不会成为某种失控的"怪兽"？而用迷宫困住怪兽，是不是类似很多人主张的用技术发展解决技术问题的做法？

显然，解决技术问题的技术也会导致新的问题，如此循环，疲于奔命。换言之，用技术方法解决技术问题，是要付出代价的。

"代达罗斯的迷宫"造好之后，米诺斯强迫雅典人每年选送七对童男童女供奉米诺陶洛斯。雅典老老实实纳贡了两次，第三次纳贡的时候，王子忒修斯混入"牺牲"中，想伺机杀死牛头怪。在米诺斯的王宫中，忒修斯勾搭上公主，公主送给他一团线球和一把魔剑。靠着线球，忒修斯没有在迷宫中迷路。靠着魔剑，他终于杀死牛头怪。可惜英雄只是利用公主，返乡途中将其遗弃在孤岛上。其背信弃义的举动最后也遭到天谴：被胜利的喜悦冲昏头脑，忒修斯忘记换掉代表行动失败的黑帆，海边遥望的雅典国王悲痛投海——杀掉别人儿子的人，也得承受失去父亲的痛苦！

忒修斯用新技术——魔剑和线团——解决了以前的技术问题，也为此付出沉重的代价。进一步的问题是：用技术方法控制新科技不可预见的代价，人类真的能够承受吗？随着智能技术力量和风险的不断积累，社会脆断的可能如达摩克里斯之剑一般永远高悬头顶。

但还有一个更要命的问题：解决技术问题的技术方案，赶得上智能革命失控毁灭世界的速度吗？在新冠疫情中，面对病毒变异的速度，病毒学研究和疫苗研制的速度明显地捉襟见肘。

一言以蔽之，人们怀疑"代达罗斯迷宫"能否困住新科技"怪兽"，因为智能技术的巨大威力，远超米洛陶洛斯之上。

—— 3 ——
关于智能革命的末世忧虑

修筑迷宫的代达罗斯，手艺独步天下，追求科技之狂热也是登峰造极。他的外甥跟着他学雕塑，结果几年后外甥的技术超过舅舅，难耐嫉妒的代达罗斯居然寻机将之推下城墙。为逃避法庭判处的死刑，代达罗斯从雅典逃到克里特，成为米诺斯的朋友。

高超的技术让代达罗斯走上人生巅峰，最后也让他跌入人生低谷。代达罗斯的迷宫建成后，人人进去都迷路，米诺斯非常满意，希望代达罗斯一辈子为他效力。代达罗斯归乡心切，为突破国王的出境限制，发明了高科技的"代达罗斯之翼"——用蜡把各种羽毛粘起来做成，然后绑在人身上可以飞起来的"鸟翼"。可是，他的儿子伊卡洛斯用父亲做的小翅膀试飞时，不听其劝告，因飞得太高，封蜡被太阳融化，"鸟翼"消散，结果掉到海里淹死了。代达罗斯独自一人逃到西西里岛，受到当地国王的青睐，完成很多令世人震惊的技术产品和工程。但他始终没有摆脱丧子之痛，最后在西西里郁郁而终。

主导技术创新的新科技专家，不少人坚持"科学无禁区"主张。他们与代达罗斯一般野心勃勃，对智能社会的未来愿景表现出同样的狂热。"科学无禁区"在20世纪曾催人奋进，但如今显然已不合时宜。也就是说，21世纪之后，可能失控的不只是智能技术，还有不少"科技狂人"。

在智能革命的驱动下，未来终将走向何方呢？人们努力想辨明，可谜团实在太多，连技术迷宫的发明者和创新者也深感困惑。1923年，剑桥大学遗传学家霍尔丹（Haldane）曾发表题为《代达罗斯，或科学的未来》的演讲，以高歌猛进的代达罗斯为隐喻，宣称科学将对传统道德提出挑战，并造福人类，高喊科技探索的路上无须任何顾忌。第二年，他的同事大哲学家罗素发表《伊卡洛斯，或科学的未来》，以惨死的伊卡洛斯为隐喻，回应霍尔丹的科技至上言论，警告人类对科学的滥用将导致毁灭性的灾难。

21世纪20年代，新冠病毒在全球肆虐，经济长期低迷，俄乌战争可能失控。在全球范围内，尤其是在社交媒体上，民主制受到质疑和挑战，各种疯狂的极端主义、部落主义、原教旨主义言论找到大批拥趸。于是，各种末世论尤其是技术末世论，从小声抱怨演变成大声喧哗。

末世论由来已久。古希腊人认为，人类不断从黄金时代向白银时代、青铜时代退化，最终步入黑铁末世。基督徒认为，人类堕落，被逐出伊甸园，不断犯下各种罪孽，最终要面对上帝的末日审判。伊斯兰教认为，真主已经预定了审判日，末日人类包括复活的死人，都会被真主审判。佛教徒认为，我们生活在末法时代，之后佛法不闻，世界遭劫，日趋败落，天象异变，最终毁灭。而道教以世间连年灾祸为末世，它与太平盛世不断循环，并非直线性地走向毁灭。

拜智能革命的伟力，人类从未如此感受到技术末世的逼近。历经七十多年的世界大体和平之后，"第三次大战"被人越来越多地提及。绝大多数人相信，它将是人类最后一战，全球核战之后文明将被荡平。一些人相信，气候变化已经到了十万火急的程度，很快将迫使人类搬到地下，走向灭绝。有一些人相信，穷国的"核武器"即廉价生化武器，迟早造成无法挽回的毁灭性灾难。还有一些人相信，超级人工智能很快会出现，之后硅基文明将取代碳基文明——我不相信这种叫嚣，我认为，在这之前人类更可能用核武器、AI武器、生化武器相互残杀殆尽。

既有的末世论都假设存在某种超出人类控制的力量。在技术末世论中，失去控制的是新科技，使我们成为"最后之人"。当然，这种新科技可能是地球科技，也可能是外星科技。外星人末世论者认为，远超人类文明的外星人迟早会如上帝一般降临地球，用外星科技轻而易举地毁灭人类。

　　　　　　　　　　　　　智能革命后的世界

—— 4 ——
末世之人，迷之自信

如果末世真的降临，"最后之人"是否不必付任何责任？必须要深思：究竟是核弹、AI、气候和病毒要毁灭人类，还是人类在自我毁灭呢？除了外星人降临，技术毁灭想象无一不与人类的行动选择有关。

换言之，末世黑暗基本上根源于人心"黑化"，即谎言遮天、犬儒盛行、思想颠顶、欲望泛滥。人类自我灭绝，必定首先从人性沦丧开始。四百多年来，现代科技一日千里，可人类德行与四百年前相比，即使不说没有进步，也是进步很小。

AI挑起人类最深的欲望，也触发人类最深的恐惧。很多人相信，技术是人的身体器官的延伸。还有一些人相信，技术外化不止人的身体，还有人的本性。在新科技及其应用之中，"科学人"照见自己，认识自己，成为自己。于是，越来越多的技术哲学家讨论思想危机，抨击"精神病社会"，抨击"单向度的人"，抨击人类沦为效用最大化的"消费动物"。

当征服自然的逻辑扩展到人对人的征服，结果是20世纪下半叶以来，人不再是目的，而是纯粹的工具。在消费社会看来，人即人力资源，凡是不生产效益、无用的，都不是人，凡是不消费、不生育下一代劳动者的，都不是合格的人。在消费动物看来，他者、他人全都是消费品。因此，今日最大的问题，不是人形机器，而是机器人形。也就是说，越来越多的人外表看来还是人，实际上已经机器化，即越来越接近智能机器。

毫无疑问，技术末世论很极端，很疯狂，以某种奇怪的技术话语反对新科技的发展。但是，我们没有办法断定技术末世论是否完全是无稽之谈，因为它的警示是合理的：既要关注技术的失控，更要关注背后人性的失控。自文艺复兴以来，人类一路高歌猛进，一改中世纪的自卑惶恐，从逐渐自信自强走到20世纪的自大狂妄。上帝给人类以命名万物的特殊位置，今日我们蔑视嘲讽上帝。自然养育人类，今日我们蹂躏糟蹋自然。

"最后之人"完全忘记一个事实：人类非常脆弱，社会与文明更加脆弱。我们差不多忘记：此刻人类享有的一切，并不是凭空得来。今日之有，并不意味着明日还在。今日之繁荣、秩序、和平与自由，并非历史的常态，而是历史的反常。它们并非看上去那么坚固，而是无比脆弱，随时可能转瞬即逝。

对于灭绝、对于末世，"最后之人"无比无知，却"迷之自信"。似乎知识太多，真正顶用的却很少。人人高声喧哗，皆是毫无意义的聒噪。罕见的真知灼见，也被淹没在知识冗余的"知识银屑病"之中。想一想全球新冠疫情，如果传播的是一种致死率20%、传染性类似的病毒，人类社会还能不能幸存？

失控的人性，必将使人类从狂妄走向疯狂，最终因疯狂而灭绝。今日人类已在危崖，不经意的行差踏错，都有可能触动灭绝的蝴蝶效应。

技术末世必然降临吗？人心可以节制，技术就可以节制。新科技失控的源头在于人性的失控。节制技术，先要节制人性。关于人性，我支持类似的观点：没有什么不变的人性和身体。从根本上说，人是开放的场域，是可能性本身。每个人的自我创造和行动选择，才决定所谓人性为何。

—— 5 ——

控制 AI，避免自我毁灭

当然，有人会质疑：人心可控，AI 可控吗？在《技术的追问》中，悲观主义者海德格尔说："技术之本质居于集置中，集置的支配作用归于命运。"但是，他如何知道技术是不可逆转的天命？哲学不是可重复检验的物理学，可控论或天命论都是意识形态，可信度本质上没有差别。

最重要的问题不是纠缠于技术可控与失控的思想争论，而是为了控制新科技发展，需要现在、立刻、马上行动起来。即使外星人、天外陨石注定毁灭人类，至少人类可以努力控制自己创造的技术，尽量避免因 AI 失控而自我毁灭。这就是我称之为的"技术控制的选择论"。

长久以来，很多先贤思考如何提升人类道德。在 AI 时代，节制人性必须考虑新科技尤其是各种技术大会聚的语境。首先，努力让人类重拾敬畏，不知敬畏难免狂妄。如今生命政治盛行，将死亡"消音"，人们对恐惧和战栗已经非常陌生。这是抹杀人类道德提升的一大动力，因为直面死亡最能让人记起美德的不可或缺。其次，节制人性要防止 AI 控制人心，而不是人心控制 AI。在技术迷宫中，人必定成为技术的场域和可能性。新科技是人心所示，不加思考地将新科技用于身心设计，实质上是人性的自我放任和放逐，肯定会加速人心"黑化"。

我的意思不是技术不能被用于节制人心，而是说要谨慎，要把握尺度，尤其警惕节制变成操控。毕竟在新世界舞台的深处，权力如国王米洛斯一样，兴致勃勃地注视着一切，盘算着驯服一切，包括牛首人身的米洛陶洛斯。

在 AI 时代的舞台上，围绕着新科技迷宫，各色人等的故事和冲突开始上演。面对智能革命突飞猛进，感受到风险逼近的人民，在新科技迷宫中又忧又惧，呼唤着 AI 时代的忒修斯。那么，谁来扮演英雄的角色，"引领"人民控制新科技，走出新科技迷宫？

新科技实践的转变牵一发而动全身，控制新科技以使之为人民服务，需要全社会的关注和参与。AI 时代，如何自处？由于影响深入个体生活，对新科技发展的社会影响及其应对，大家均非常关心。走出 AI 迷宫，必须依靠所有人的力量。我认为，AI 时代没有英雄，因为每一个人都是英雄！

技术末世的自我拯救，不可能脱离新科技的语境。讨论当代的良知与福祉，知识分子需时刻紧跟新科技尤其是智能技术的进展，责无旁贷地承担起为人民提供理解新科技发展相关知识的责任,因为学术的终极目标,在于守护社会良知和公众福祉。反过来,不关心新科技问题,必定远离时代精神,偏居一隅自娱自乐。试问,思想者不关心新科技问题,如何关心人,如何关心人们对美好生活追求的希望?

—— 6 ——
结语:行动

知识分子不再教导人民,也不再包办,亦没有能力包办复杂的 AI 控制事务。为此,知识分子必须走出故纸堆和象牙塔,转向"走向行动"的技术哲学。

一方面,知识分子预测新科技的社会冲击,提出针对性、操作性和可行性的风险应对方案。另一方面,知识分子要走向技术现场,为控制智能技术和智能革命鼓与呼,在具体语境中传播新思想,努力出谋划策,影响公众、企业和政府的行为。

面对汹涌澎湃的智能革命,面对末世论的喧嚣,每个人都需要行动起来,为控制技术、控制 AI 尽一份力。而在其中,知识分子首先应该做的是:为控制新科技良性发展大声呼吁,提醒大家不可掉以轻心。